20世紀の知られざる傑作装備たち

世界の名脇役兵器列伝 パラベラム

PARABELLUM

有馬桓次郎／印度洋一郎
／太田　晶

イカロス出版

contents 目次

第二章 艦艇 ―― 75

はじめに

第一次大戦後、すなわち1920年代から30年代にかけての兵器の開発は、後世からみても興味深いものがある。それは戦車、航空機、潜水艦や空母といった人類の歴史に登場した新しい兵器が、第一次大戦という壮大な実験場から得たノウハウと技術の進歩によって、より完成度の高い、またはより特化した目的に沿ったものへと発展していった時期だからだ。

続く第二次大戦では、それらの兵器の性能の優劣、運用の巧拙が戦いの勝敗を決する大きな力になった。その中でも、日本の戦艦「大和」や零式艦上戦闘機、ドイツの重戦車ティーガーといった兵器は、その性能や数々の逸話から知名度も高く、軍事の愛好家にとどまらず一般にまで名が知れ渡っている。これら、戦史の主役と呼ぶべき兵器群に対し、本書が取り上げているのは専門書でも言及される機会に乏しい脇役ばかりだ。陸上兵器なら小火器や軽車輌、艦艇であれば補助艦艇や護衛艦艇、航空機でも偵察機や輸送機といった、比較的地味な兵器が多い。しかし実際の戦場では、このような数多の脇役兵器たちが縦横に運用され、主役兵器の活躍を支えていたのである。

そんな脇役、兵器たちにスポットをあて、それぞれの兵器が生み出された背景や技術的な特徴、戦闘記録などを解説するのが、本書の主な内容だ。

本書は、小社刊行の軍事雑誌『ミリタリー・クラシックス』の連載「歴史的兵器小解説」（Vol.58～Vol.78掲載分）を再編集、アップデートして単行本としたものである。

連載「歴史的兵器小解説」は、ミリタリー・ファンにとって馴染みは薄くとも、タイトル通り「歴史的」

に何らかの意義ある兵器を、陸海空のジャンルごとに毎号1種ずつ紹介する記事だ。紹介する兵器の選定は原則として各執筆者にお任せしているが、あまりメジャーすぎても、マイナーすぎてもいけない。さらに、1つの兵器につき1ページという限られた誌面にエピソードを凝縮しなければならず、自然と密度の濃い内容になっている。そのためもあってか安定した人気を博し、『ミリタリー・クラシックス』創刊当初から続く数少ない連載記事となっている。

本書は、同連載をまとめたものとしては第4集に当たる。これまでの3冊は『ミリタリー選書25 世界の名脇役兵器列伝』、第2集『ミリタリー選書32 世界の名脇役兵器列伝エンハンスド』、第3集『ミリタリー選書39 世界の名脇役兵器列伝レヴォリューションズ』として小社から刊行されている。ご興味のある方はそちらもご覧いただきたい。

なお、本書のタイトルにある「パラベラム」とは、ラテン語「para bellum」を英語読みにしたものである。日本では一般に映画『ジョン・ウィック パラベラム』で有名だが、軍事においてはドイツDWM社で開発された銃弾「9×19㎜パラベラム弾」のほうで知られる。同社のモットーだった「Si vis pacem, para bellum」(スィー・ウィース・パーケム、パラー・ベッルム＝平和を欲するなら、戦いに備えなさい)に由来しており、その言葉のルーツは古代末期の書物、ウェゲティウス著『軍事論』にあるそうだ。

最後に、本書の編集にあたっては、連載掲載時の原稿の見直しや写真の再選定のほか、執筆後に判明した事実など、執筆者に一部加筆・訂正をお願いしたものもある。お忙しいなかで快くご協力くださったことを、この場を借りてあらためて御礼申し上げたい。

編集部

●執筆
有馬桓次郎（艦艇）
印度洋一郎（陸上兵器）
太田　晶　（航空機）

●装丁・本文デザイン
村上千津子

●写真
Antoni Dubowicz
Arpingstone
Armémuseum
Bundesarchiv
Crown Copyright
Dungodung
Imperial War Museum
Max Smith
Modern Firearms
Narodowe Archiwum Cyfrowe
Rama
US Army
US Navy
USAF
Uziel Galishto
Wim van Rossem, Anefo
Zubro
Wikimedia Commons

第一章

陸上兵器

九七式側車付自動二輪車

日本軍の四輪車不足を補った主力サイドカー

19世紀後半にドイツで誕生したオートバイは、間も無くその車体の横にやや小型の付属車体を取り付けたサイドカーと呼ばれる派生型を生み出した。当時、四輪自動車がまだまだ高価で生産数も少ない中、オートバイの搭載量を増やして実用性を高めた軽便な車輌として、サイドカーは欧米で普及する。間も無く勃発した第一次大戦では、自動車やオートバイと共にサイドカーもまた軍用車輌として利用され、参戦した各国で連絡や偵察などの任務に活躍した。

この動きを見た日本でも、陸軍が大正7年（1918年）にオートバイ大国となっていたアメリカから大手オートバイメーカーであるハーレー・ダヴィッドソンのサイドカーを購入し、各種試験に供する。この時、日本陸軍はオートバイの横の付属車体を「側車」と呼び、サイドカー自体は「側車付自動二輪車」と呼称した。

早速、その年の夏から開始されたロシア革命への干渉紛争であるシベリア出兵に、ハーレーやインディアンといったアメリカ製車輌で編成された陸軍のサイドカー部隊が投入される。この時、側車には三年式重機関銃が装着され、連絡や偵察だけではなく戦闘車輌としての実用性も検証された（但し、実戦では小ぶりなサイドカーに搭載した重機は扱い難く、その後は専ら軽機関銃を使用するようになる）。

それから十数年後の昭和6年（1931年）、満州事変が勃発すると、大陸での車輌の需要が急増し、大正以来専らアメリカ製のサイドカーに依存していた日本陸軍も今後の戦局を見据えて、国産化を決定す

る。まず昭和8年(1933年)、ハーレー・ダヴィッドソンのオートバイをベースにした日本内燃機（現在の日産の前身）のオートバイ「くろがね号」を、改良の上でサイドカー化した車輌が「九三式側車付自動二輪車」として陸軍に採用された。しかし、整備された道路の少ない中国大陸で使用された九三式は走破能力に限界を生じ、より高性能のサイドカーが求められる。

そんな最中の昭和11年（1936年）、ハーレー・ダヴィッドソンの輸入代理店から国内生産メーカーに転じていた陸王内燃機で、製作課長である桜井盛親を中心とするチームが側車起動型サイドカーを試作していた。これはサイドカーの付属車体＝側車にも駆動機能を与え、二輪駆動にする事で走行能力を向上させた車輌だった。この二輪駆動型サイドカーに着目した陸軍は直ちに性能試験に供し、翌昭和12年(1937

年）に「九七式側車付自動二輪車（以下サイドカーと表記）」として制式採用。オートバイは国産化されたハーレー・ダヴィッドソンVLである「陸王号」をベースに、整備し易いシンプルな構造で耐久性の高い空冷V型2気筒サイドバルブエンジンの排気量を1200ccから1272ccに若干増加し、悪路走破性を向上させるために最低地上高を拡大している。また、駆動機能を持つ側車を取り外してオートバイ単独でも使用可能な、柔軟な運用も考慮された設計になっていた。なお、一部の車輌は二輪駆動型オートバイに側車を取り付け、三輪駆動車となったという。

この九七式サイドカーは早速勃発した支那事変に投入され、中国大陸の悪路でも従来の日本軍のサイドカーを上回る機動性を発揮する。その後勃発した太平洋戦争でも、日本軍の進攻した各地で使用され、工業力の限界で四輪自動車を英米のように多数装備できなかった日本軍の貴重な機動力として、伝令、偵察、軽輸送、時に戦闘と各種任務で活躍。そんな拡大する需要に応じるために、戦時下の昭和18年（1943年）からは陸王内燃機だけではなく、日本内燃機、東洋工業など日本の主なオートバイメーカーが生産に動員され、最盛期には月産90台に達した。こうして、終戦まで主力サイドカーとして使われたこの九七式は日本軍の機動力を支えた縁の下の力持ちだったのである。

九七式側車付自動二輪車と思われるオートバイを検分するオーストラリア軍兵士

SPEC

九七式側車付自動二輪車
Type 97 Motor cycle

重量	250kg
全長	2.59m
全幅	0.915m
全高	1.165m
エンジン	V型2気筒
空冷ガソリン（24hp）	

八九式重擲弾筒（てきだんとう）

歩兵小隊の火力を補ったミニ迫撃砲

第一次世界大戦では、歩兵の火力を増強する手榴弾が広く使われるようになった。当時は兵士が手で投げていたが、距離の離れた敵軍の塹壕を攻撃するため、投擲距離を延伸する発射装置が求められるようになった。

やがてイギリスでカタパルト型などの投擲器が登場し、1916年にはフランスでライフルの銃口に装着する発射器と投擲弾「V-Bグレネード」が開発された。これは発射器を装着したライフルを空砲で撃ち、その燃焼ガスで擲弾を発射するもので、歩兵に強力な火力を与える火器だった。

日本陸軍も第一次大戦後、V-Bグレネードのような小銃投擲用手榴弾を開発していたが、主力ライフルの三八式歩兵銃は口径が6・5㎜と小さいため発射器としては扱いづらく、大正10年（1921年）に専門の投擲器である「十年式擲弾筒」が開発された。歩兵用重火器としては最小クラスの軽量（2・6㎏）の擲弾筒で、他国では類例のない兵器であったが、射程が約150mと短く、命中精度も悪く、操作も難しいと運用者からの評価は低かった。

十年式擲弾筒のこうした問題が表面化する一方、大正11年に陸軍技術本部で新型擲弾筒の開発が開始された。そして3年後の大正14年に試作器が完成し、陸軍歩兵学校で実用試験に供された。この試験を経て、本体である発射筒を支える支柱の強度と、歩兵が支障なく使用できる全体重量のバランスの追及に7年が費やされ、昭和7年（1932年）に「八九式重擲弾筒」として制式採用された。なお、制式名が「八九式」となっているのは、修正版の試作器の完成が皇紀2589年（昭和4年）であったため。

八九式重擲弾筒は、口径こそ十年式擲弾筒と同じ50㎜だが、重量は1・8倍の4・7kgと重く、最大射程に実に4倍以上の670mと性能が向上。また、投射する擲弾は専用の八九式榴弾の他、十年式手榴弾と九一式手榴弾も使用できた。撃針を作動させる機関部を上下させ、腔内面積を変えることで射程を調整できる汎用性を持ち、擲弾の命中精度も向上、操作性にも優れた兵器だった。1門を射手1名、弾手2名から成る班で運用し、膝立ちや伏せた姿勢で、発射筒を45度に傾けて発射する。

八九式重擲弾筒は、採用されると直ちに中国東北部で勃発した満州事変に投入され、陣地や家屋に立て籠もる中国兵を至近距離から攻撃する火器として威力を発揮。以後、総じて歩兵用重火器の手薄な日本陸軍にあって、近接支援用の貴重な火器となった。

太平洋戦争では、主にアメリカ軍に対して使用された。昭和19年（1944年）のフィリピン・レイテ島の戦いでは、海岸に殺到する米軍の上陸用舟艇を撃破。翌20年2月～3月の硫黄島の戦いでは、洞窟に立て籠もる日本兵が貴重な火力として使用し、同年5月の沖縄におけるシュガーローフの戦いでも、ピンポイントで機関銃座を正確に潰していく戦術で使われ戦果をあげた。これらの戦いでは多くの場合、奇襲であるうえに擲弾の爆発音が火砲のそれ並みに大きく、米兵を大い

八九式重擲弾筒（左）と八九式榴弾
（写真／Imperial War Museum）

八九式重擲弾筒を使用する日本陸軍の兵士（右が射手、左が弾手）

に恐怖させている。

なお、八九式重擲弾筒を鹵獲した米兵は、何故か湾曲した台座を太腿に当てて撃つ兵器と誤解し「ニー・モーター」（knee mortar：膝撃ち式迫撃砲）と呼んだが、実際にそのように使用して大腿骨を骨折する兵士が続出。このため米軍当局は、わざわざ「膝撃ちしてはならない」という注意書きを入れた使用マニュアルを配布した。

八九式重擲弾筒は、制式採用から終戦まで約12万門が生産され、日本陸軍のみならず満州国軍でも使用された。そして、日本軍の敵である中国国民党軍もこの擲弾筒に影響を受けた「民国二七年式擲弾筒」を1938年に開発し、戦闘で使用したといわれる。

SPEC

八九式重擲弾筒
Type 89 Grenade Discharger

重量	4.7kg
全長	610㎜
口径	50㎜
弾重量	793g（八九式榴弾）
有効射程	120m
最大射程	670m
発射速度	25発/分

15cm sIG33重歩兵砲

威力は抜群だが重量1・6トンは重すぎた

1920年代半ば、ドイツ陸軍内では歩兵部隊の支援火器について論争が起きていた。第一次大戦の戦訓に基づいた、歩兵部隊には曲射射撃が可能な迫撃砲が火力支援に適するという意見と、新たに出現した脅威である戦車に対する火器として、平射射撃の可能な歩兵砲が適するという意見の対立である。最終的には、曲射と平射の両方を行える〝汎用砲〟が適当であるという、妥協案のような結論となった。

その論争が行われていた最中の1925年1月、ドイツ陸軍は歩兵支援用の中口径迫撃砲を開発する計画を立てていた。その2年後の1927年には、兵器メーカーのラインメタルを中心として、曲射・平射両用の軽歩兵砲の開発が始まり、それに合わせるように中迫撃砲の計画も重歩兵砲「15・24cmミーネンヴエルファー」に衣替えする。

当時、第一次大戦の敗戦後に英仏などの連合国と締結したヴェルサイユ条約により、厳しい軍備制限が加えられていたドイツは、国内での新型兵器の開発が困難であり、この重歩兵砲の開発は、1922年にソ連と締結したラッパロ条約に基づいて、ソ連領内で秘密裏に進められた。

開発された砲は口径が152㎜、砲身長は1415㎜、重量は約1・1トンという、まるで迫撃砲のようなずんぐりした形状だった。この試作砲はラッパロ条約に基づいてソ連に引き渡されると、1932年には「152㎜M1931臼砲」として赤軍に採用される。歩兵砲や歩兵部隊の迫撃砲ではなく、砲兵隊が使用する軽臼砲として配備された。この臼砲は砲兵部隊の装備としては小型軽量で取り回しに優れてい

セルビアのベオグラード軍事博物館に展示されている15cm sIG33

たが、構造が複雑で量産性に難があったために少数生産で終わった。

その後、試作砲はドイツ国内で引き続き開発が続けられ、口径を若干縮小し、砲身を伸ばして歩兵砲としての能力が改善される。1933年には「15cm sIG33（重歩兵砲33）」としてドイツ軍に制式採用された。この重歩兵砲は口径149mm、砲身長1680mmであり、試作砲同様にまるで重迫撃砲を砲架に載せたような、その出自が元々迫撃砲であったことを偲ばせる姿をしていた。

重量38kgの砲弾を秒速240mの初速で有効射程4650mまで飛ばし、砲身を75度まで仰角をつけて迫撃砲並みの曲射射撃も可能という性能は、列強の歩兵用火器としては群を抜く威力を

SPEC

15cm sIG33重歩兵砲

15cm schweres Infanteriegeschütz 33

重量	1,800kg
全長	4.42m
全幅	2.06m
口径	149.1mm
砲弾	38kg
仰角	-4°～ +75°
旋回角	11°
発射速度	3発/1分
初速	240m/秒
有効射程	4,650m
照準	直接照準

示す。採用後も、砲架を支える金属製のスポークタイヤをより機動性に優れるゴムタイヤに換装する等の改良も続いた。

１９３９年の第二次大戦開戦時には、ドイツ軍に約４００門が装備され、前線では堅固に防備された敵の建造物の破壊等に威力を発揮した。そして開戦後には、対戦車用砲弾として成型炸薬弾も装備。１・６トンというその重量は、当時のドイツの砲兵隊の主力野砲である10・５cm ｌｅＦＨ18（約2トン）にも匹敵するレベルであり、移動には馬6頭が必要とされて、運用する兵士達の負担は大きかった。そのため、自走砲化の試みも度々行われ、その機動力が改善された火力は高く評価される。

同時に、その事実はｓＩＧ33が歩兵向きの火器ではないことを図らずも証明し、戦争中盤頃から、より取り回しに優れた12cm Ｇｒｗ42重迫撃砲に更新されていく。また、１万６０００ライヒスマルクのｌｅＩＦ18榴弾砲よりも高価な2万ライヒスマルクの生産コストも、戦時下の軍需体制にとって、コストパフォーマンスの悪い兵器だった。

こうして、１９４４年に生産終了するまでの11年間で、総生産数４６００門に達したｓＩＧ33は、歩兵用火器の限界を超えたサイズが仇となり、中途半端な存在として戦史の流れの中に消えていった。このような重歩兵砲を当時他国が全く戦力化していないのは、その兵器としての限界を物語っているのではなかろうか。

38(t)戦車の車台に15cm sIG33を搭載したグリレＨ型

ラインボーテ

長射程砲の代替として開発された独ロケット兵器

第二次大戦以前、ドイツ陸軍は長距離砲の代替兵器としてロケットに着目していた。長射程を実現するために巨大化した火砲は運用に多大な労力が必要で、実用性を含めて性能的に限界に達しているというのが軍の見解だった。

陸軍兵器局の重砲部門では、長射程兵器としてのロケットの可能性を研究し、要求される100㎞以上の射程を可能とする弾体の加速（秒速1350m以上）を実現するため、構造が単純で扱いやすい固定燃料ロケットを多段式にするという構想が浮上する。

大戦勃発後の1941年4月、兵器局内で長距離砲に関する各部局の協議が行われ、重砲部門から多段式固体燃料ロケット兵器の構想が示されるが、軍のロケット開発の責任者だったワルター・ドルンベルガー大佐はこれに懐疑的だった。大佐は自身の部局が開発していた、後にV2として知られる地対地弾道ロケットのような、点火後の燃料噴射の制御により速度や弾道の微調整が可能な液体燃料ロケットこそが長射程兵器として適切であると主張した。

このように、ロケット部門の理解を得られなかった重砲部門は独自開発を選択する。各方面への打診を経て、1941年6月にはラインメタル・ボルジッヒ社の技術者で、長年固体燃料ロケットの研究をしていたハインリヒ・クラインの構想を採用し、プロジェクト名「Rh‐Z‐61」として開発が開始された。

翌1942年から、ドイツ占領下ポーランドの都市レヴァの実験場で重量約50kgの単段固体燃料ロケットRh-Z-V1の打ち上げが始まり、1943年4月には全長約11m、総重量約1600kgの四段式ロケットRh-Z-61／9の打ち上げに成功。射程は160kmにも達した。

このロケットは、一段目は7本の小型ロケットを束ねた離陸用ブースター、二段目から四段目までは同一型ロケットを重ねていた。発射後は一段目から次々と切り離しながら加速し、重量40kgの弾頭を持つ四段目点火時の発射25秒後には速度6800km／h（マッハ5・5）の極超音速に達する。機械的誘導装置を持たず、発射台上で照準を定めて、各段に装備した安定翼で飛翔中の弾道を安定させる方式を採ったことで構造も単純になり、取り扱いも容易になった。

とはいえ、陸軍のロケット開発ではV2にリソースが傾注されていたため、関係者から「ラインボーテ（ドイツ語で『ラインの使者』の意）」と呼ばれるようになったRh-Z-61／9は傍流視され、戦局が悪化した1944年秋には軍事資源の集中を図るべく開発の縮小も検討されるようになる。

そこで開発チームは、11月15日にレヴァでドルンベルガー少将や兵器開発に強い影響力を持つ親衛隊のハンス・カムラー中将等の高官たちが臨席するなか、ラインボーテの発射実験を行った。この実験は高官たちに強い印象を与え、直ちにラインボーテの生産と実戦投入が決定される。

構造が単純なラインボーテは実戦化も早く、FlaK41対空砲の砲架を流

横から見たラインボーデ。４対の安定翼から４段のロケットエンジンの位置が推定できる

実験場の発射台に載せられたラインボーテ

用した発射台をトラックに搭載。運用のために編成された第709砲兵師団が翌12月中旬にベルギー方面で開始された「ラインの守り」作戦に投入された。

そして12月24日の正午、オランダ中部ヌンスペートに展開した第709砲兵師団は、そこから南西106kmに位置するベルギーの港湾都市アントワープへ向けて4基の発射台からラインボーテを発射。以後、翌1945年1月中旬まで断続的に約200発が発射されたが、その戦果は限定的なものだったといわれる。

終戦後、ドイツを占領したソ連軍は接収したラインボーテを本国に持ち帰ったが、ソ連のロケット兵器に与えた影響は定かではない。

SPEC

ラインボーテ
Rheinbote Long Range Artillery Rocket

全長	11.4m
発射重量	1,709kg
弾頭重量	40kg
最大速度	6,800km/h
最大射程	220km
有効射程	160km

ロールス・ロイス装甲車

アラビアのロレンスも愛用した装甲車

第一次世界大戦勃発後の1914年8月、ベルギーの北西部オーステンデに展開していたイギリス海軍航空隊のイーストチャーチ飛行隊では、墜落した航空機の搭乗員を救助するため、2輌のロールス・ロイスの高級車シルバー・ゴースト（正式名称ロールス・ロイス40／50ＨＰ）を使用していた。シルバー・ゴーストは、自動車メーカーであるロールス・ロイスが1906年に開発した車輌で、高品質の素材と高水準の技術で製作され、その卓越した走行性と耐久性から、高価格ながらも世界的ヒット商品だった。イギリス軍でも指揮官用車輌として採用されており、高い信頼性から海軍航空隊は自衛用のマキシム機関銃を装備した支援用車輌として使用する。しかし、実際に戦場に投入してみると、敵軍の銃弾に晒され、乗員が危険である事が判明。直ちに車体各部に装甲板を溶接して対処したが、なお防御力は不十分だった。

そこで、航空隊当局は1914年9月に正式な装甲車を開発する委員会を発足させ、ロールス・ロイスにシルバー・ゴーストのシャーシを全て装甲車用に提供するように要求する。翌10月には、トーマス・Ｇ・ヘザーリントン中尉が機関銃を搭載した銃塔と装甲板で構成された車体の設計案を提出。この案に基づいた装甲車が製造され、最初の3輌が12月にフランス北部ダンケルクの航空隊基地へと送られる。この装甲車は厚さ12㎜の装甲板で構成された車体とヴィッカーズ重機関銃を装備した銃塔を持ち、シルバー・ゴースト譲りの堅牢なシャーシや抜群の安定性を誇る直列6気筒エンジンで優れた機動力を発揮した。

しかし、当時既に西部戦線は塹壕戦へ移行しており、装甲車の機動力を活かす機会は減っていた。そこ

で海軍航空隊は別の戦線に活路を見出し、翌1915年には編成された6個装甲車中隊が、オスマン帝国領土へ連合軍が上陸したガリポリ上陸作戦、ドイツ植民地である東アフリカ（現タンザニア）や南西アフリカ（現ナミビア）等へ派遣される。そして、その年の8月には、海軍航空隊のロールス・ロイス装甲車全車が陸軍へと移管され、機関銃軍団の中に装甲車輌中隊が編成された。この時点で120輌が生産され、陸軍の装備となった装甲車は中東戦線へも送られる。この戦域で工作員として活動した「アラビアのロレンス」ことトーマス・E・ロレンス中尉は9輌の装甲車を率い、しばしばオスマン軍との戦闘に勝利した。そのためか、後年には「私の

SPEC

ロールス・ロイス装甲車
Rolls-Royce Armoured Car

重量	4.7トン
全長	4.93m
全幅	1.93m
全高	2.54m
エンジン	6気筒水冷ガソリン（80hp）
最大速度	72km/h
行動距離	240km
武装	7.7mmヴィッカーズ機関銃×1
最大装甲厚	12mm
乗員	3名

人生で最も価値のあるものの一つ」として、この装甲車を挙げている。

第一次大戦後の１９２０年代、残存車輛にはラジエーターグリルの装甲板の強化や車体の延長等の改良が施され、引き続き英軍で使用された。その内13輛がイギリスの隣国アイルランドへ供与され、１９２２年に勃発したアイルランド内戦にも投入されている。この時、都市の市街戦でその機動力が発揮され、道路状態の良好な環境下での装甲車の実用性が改めて実証される事になった。

その後、１９３９年の第二次世界大戦勃発以後にも、英陸軍には76輛のロールス・ロイス装甲車が装備されており、東アフリカのイタリア植民地（現ソマリア）攻略戦や北アフリカ戦線にもボーイズ対戦車ライフルで武装を強化された車輛が投入されている。流石に英軍では旧式になっており、早々に退役したが、アイルランドに供与された車輛は１９４４年まで現役に留まり、退役後の車輛が売却されたのは、実に登場してから40年後の１９５４年だった。草創期の装甲車にして、これほど長く使用された理由は、やはり原型であるシルバー・ゴーストが優れた性能を持つ名車であったからだろう。

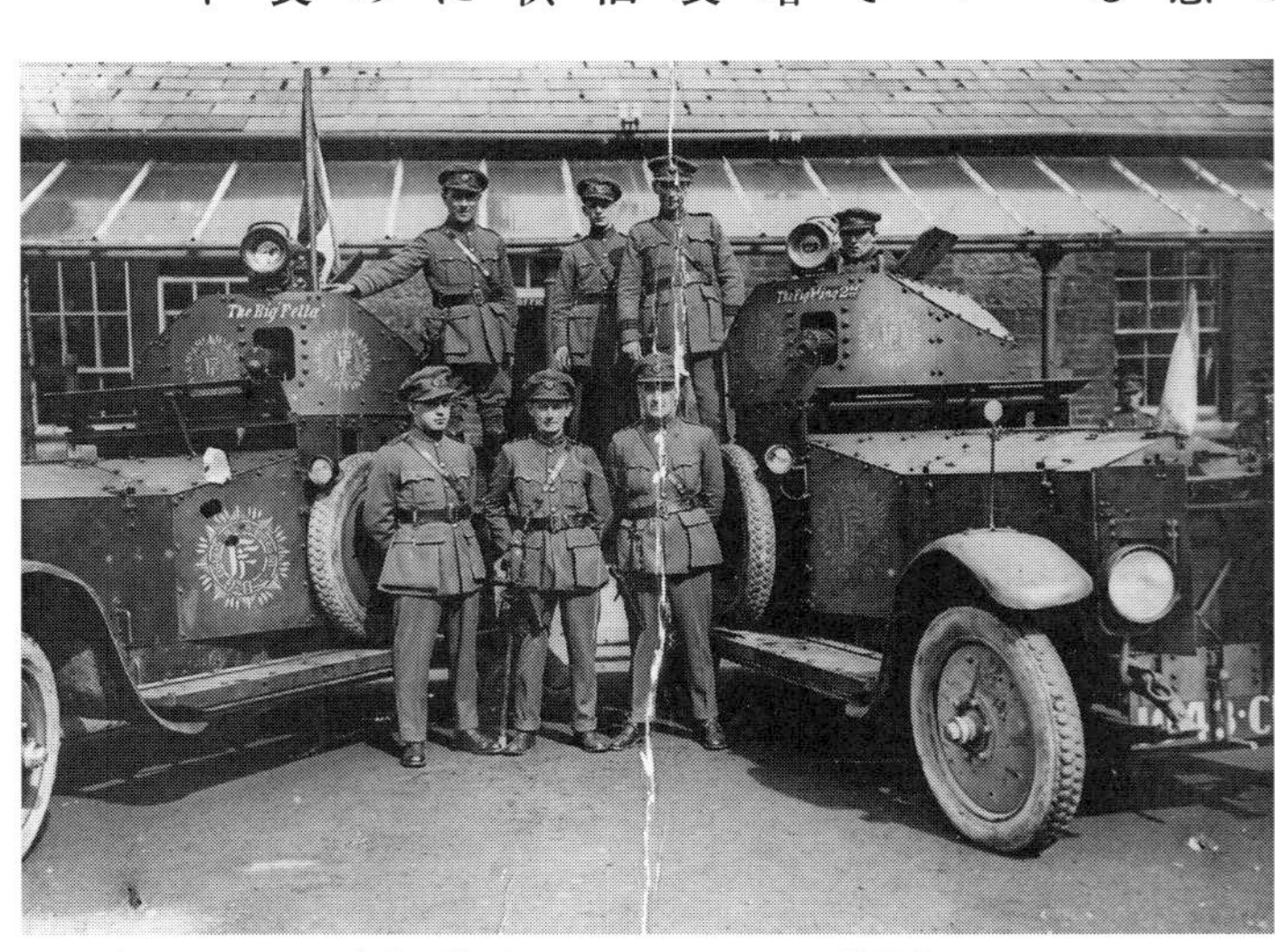

1922年のアイルランド内戦に持ち込まれたロールス・ロイス装甲車

QF3・7インチ高射砲
英連邦軍の主力となった高性能高射砲

第一次大戦時、初めて本格的に登場した空の兵器、航空機に対する地上兵器として高射砲は出現した。イギリスでは、開戦直前の1914年春に発射速度の速い艦載砲をベースにした3インチ（＝76・2㎜）高射砲が実用化され、イギリス本土を爆撃するドイツ軍の飛行船や爆撃機に対して使用される。この3インチ砲は第一次大戦終戦後も主力高射砲としてイギリス陸軍で使用されたが、1920年代半ばには後継高射砲の開発が検討された。その候補として、第一次大戦末期に少数が製造された3・6インチ砲と新開発の3・3インチ砲が挙がったが、運用上の問題などが影響して、どちらも不採用となる。

しかし1928年、英陸軍では3インチ砲の性能が進歩する航空機に対して不十分なものになる事を予想し、後継高射砲の仕様を検討。砲兵科の専門部会が「口径は3・7インチ（＝94㎜）が望ましい」と暫定的に決定する。この仕様は1933年に「口径3・7インチ、重量8t、時速45㎞で車輌牽引可能」と更に具体化し正式認可された。翌1934年には、兵器メーカーのヴィッカーズ・アームストロングとウーリッジ王立兵器廠設計部が共同で設計を開始し、1936年には試作砲が完成する。

直ちに軍の各種試験に供され、重量9・4tと軍の仕様を大幅に超過したものの、重量12・5㎏の弾丸を秒速800mの初速で最大射程1万2700mまで飛ばす高射砲は、1930年代半ばの基準では世界最優秀といえる。更に、開発メーカーのヴィッカーズは1920年代から新しい照準システムの開発を進めていた。それまで主流だった各高射砲が標的への照準を行う砲測照準ではなく、専門の射撃指揮所が風速、気温などの諸元を測定し、各高射砲にデータを電送。それに基づいて照準、砲撃を行う射撃統制システムを実用化しており、これと組み合わされた新型高射砲は、「QF3・7インチ高射砲」として正式採用。3年後の第二次大戦勃発時の1939年9月には、540門が配備されていた。

第二次大戦が始まると、旧式化していた3インチ高射砲と交換されながら、英本土に来襲するドイツ軍機に対して使用される。開始数年間は遅々として増加しなかった生産数も戦時下の需要に応えるべく急増。開戦翌年の1940年、英本土航空戦「バトル・オブ・ブリテン」が開始される頃には開戦時の倍以上の1100門が配備されていた。

こうして3・7インチ高射砲は英軍の主力高射砲となっていくと同時に、イギリス連邦加盟のカナダ、オーストラリア、南アフリカの各軍、同盟している連合国軍である自由ベルギー軍や自由ポーランド軍にも供与され、連合軍の主力高射砲の一つにもなっていく。また、敵である枢軸国では戦場で捕獲し、ドイツでは「94mm Flak Vickers M.39(e)」、日本では「押収三・七吋高射砲」として一定数が使用された。特にドイツではその性能が高く評価され、砲弾を10万発国産化して使用したほどである。

しかし、大戦下で航空機の性能が向上し、当初の3・7イ

車輌によって牽引される移動状態の3.7インチ高射砲

1943年、英本土における3.7インチ高射砲

ンチ高射砲の性能では捕捉が難しくなってくると、新たな改良型として、４・５インチ砲に３・７インチの内筒を挿入する「３・７インチ高射砲Mk.Ⅳ」が１９４４年に登場した。性能も初速１０００m、最大射程１万８０００mに向上し、それまで手動だった砲弾装填も自動装填になり、発射速度もまた向上。こうして改良を続けた３・７インチ高射砲は第二次大戦を戦い抜き、１９５０年代に地対空ミサイルに取って代わられるまで使用される。文字通り、高射砲としては完成された最終形であり、ネパール陸軍では21世紀に入っても、現役兵器として使用していたという。

SPEC

QF 3.7インチ高射砲
QF 3.7-inch anti-aircraft gun

重量	9,317kg
全長	4.96m
口径	94㎜
砲弾重量	12.7kg（榴弾）
俯仰角	-5〜+80°
初速	792m/秒
最大射程	18,837m
最大射高	12,497m
有効射高	9,754m
発射速度	10発（手動装填）/25発（自動装填）

ポーランド型地雷探知機

20世紀末まで世界で使われ続けた紛争地の必需品

19世紀後半、金鉱脈や人体に撃ち込まれた銃弾を探知する機械の開発が、フランスやアメリカで行われていた。しかし、当時の技術では電力消費が大きい割には探知感度が限定的で、あまり実用的ではなかった。時代が20世紀に入ると、第一次世界大戦後のヨーロッパでは各地に残された不発弾や地雷の処理のために金属探知機が使用されるようになり、軍事利用も本格化する。この探知には、コイルに電流を流して発生させた磁場の磁力線が地中の金属を貫通して二次的な磁場を発生させる、磁力誘導の原理を応用していた。この二次的な磁場による干渉が、コイルの電流を阻害する事によって発生する磁場の変動で、金属を探知するのである。

１９３０年代、ポーランド軍では地雷探知機の開発が無線通信研究所主導で進み、電気メーカーのＡＶＡ（ドイツの暗号作成機エニグマの解読機を開発した）で設計も行われる。しかし、１９３９年9月の第二次世界大戦勃発でドイツ軍の侵攻に遭い、その開発は事実上停止された。それから約1年半後の１９４1年春、ドイツに敗北したポーランドを逃れ、イギリスに亡命していたポーランド人の部隊で訓練中に地雷が爆発して兵士2名が死亡する事故が発生。この悲劇に接したポーランド人部隊の通信将校、当時32歳のヨゼフ・コザッキ中尉は一念発起して、地雷探知機の開発を始める。

コザッキ中尉は東欧随一のレベルを誇った名門ワルシャワ工科大学で電気工学を学び、卒業後は国立電気通信研究所で電話のアンプ（音響増幅機）の開発に携わっていたが、大戦勃発後は志願して通信部隊に

北アフリカで地雷探知機を使用する王立工兵隊の工兵。1942年8月28日撮影

配属されていた。彼はポーランド人部隊の通信兵の指導という本来の任務の間、アンジェイ・ガブロス軍曹を助手に、戦前にポーランド軍が開発していた地雷探知機の基本概念を発展させる形で開発を進め、3カ月で試作機を完成させる。

この頃、敵の地雷による死傷者が予想以上に多いことを危惧したイギリス軍は、地雷探知機の開発を進めており、1941年9月には各社による試作機の性能試験が行われた。イギリス中部ヨークシャー地方の都市リポンの訓練センターで実施された性能試験は、埋められたコインを探知する

SPEC

ポーランド型地雷探知機
Polish mine detector

重量	約14kg
全長	1,495㎜
ヘッド	長255㎜
ヘッド	幅80㎜

※データはMk.Ⅲのもの

もので、コザッキ中尉の開発した試作機は他のイギリス企業6社がそれぞれ開発した試作機を性能で圧倒。コインを全て探知することに成功した。こうして軍に採用されることとなったコザッキ中尉の探知機は、センサーである円形コイルを軽量な竹製の棒で探知機とヘッドフォンに連結したシンプルな構造で、わずか14kg程度の重量のため、ひとりでも使用可能だった。使用者は探知機で地面を探り、磁場の変動を変換した探知音をヘッドフォンで聴いて地中の金属を探知した。1942年3月には、スコットランドの海岸で行われた実用試験で砂浜に埋められた地雷を探知し、その性能は実証される。

そして、量産に入った地雷探知機はその年の秋に北アフリカで発生したエル・アラメインの戦いに約500機が使用され、ドイツ軍の設置した地雷原の啓開に大いに貢献。実戦での評価も高いものだった。この功績に加え、コザッキ中尉は自分が開発した探知機の特許を取得せずにイギリス政府に無償譲渡したことで、国王ジョージⅥ世から感状を授与されている。こうして、この探知機は「ポーランド型地雷探知機Mk.Ⅰ」と呼称されるようになり、以後も改良を続けながらMk.Ⅱ、Mk.Ⅲと英軍に使用された。また戦中、戦後にかけ、イギリス以外の多くの国でも使用され、軍用地雷探知機の代表格となっていく。その完成度の高さは、採用後半世紀以上経った1995年までMk.Ⅲが使用されていたという事実からも伺えるだろう。

1945年以前に撮影されたコザッキ中尉

M2軽戦車

ガダルカナルで実戦投入された米軍軽戦車の礎

第一次大戦末期、アメリカ陸軍はフランス製のルノーFT17軽戦車と、そのライセンス生産型であるM1917軽戦車を採用し、戦後も引き続き機甲戦力の主力として使用していた。

1922年、戦車を所轄する歩兵科を中心に重量5トンの新型軽戦車の開発が決定し、1926年には戦闘重量6トンなど具体的な性能要求がまとまった。そして翌27年、陸軍の設計を基にニューヨークの自動車メーカー、カニンガムが試作車「T1」を製作した。

T1は全長3・8m、重量7・5トン、最大装甲厚約9㎜の車体の前部に110馬力の水冷エンジンと操縦室を配置し、後部にはルノー系軽戦車と同じ37㎜砲を搭載した砲塔を装備していた。この後、1932年まで改良を繰り返しながら派生車輌が製造されるが、結局T1軽戦車は全て試作止まりで、本格的に採用される事は無かった。しかし、このT1がそれまで戦車に馴染みの薄かった米軍に様々なノウハウを学ぶ機会を与え、その後の米軍戦車の礎となっていく。

1933年、T1の開発を通じて蓄積されたノウハウを活かし、中西部イリノイ州にある陸軍直轄の軍需機関ロックアイランド工廠で、T2軽戦車が完成した。この車輌は、イギリス製のヴィッカーズ6トン戦車を参考に、それまでのT1系から車体構造を大幅に変更したT1E4軽戦車がベースとなり、出力260馬力と大幅に増強した航空機用空冷エンジンを搭載していた。翌34年4月には、足回りのサスペンションをヴィッカーズ由来のリーフ・スプリング（重ね板バネ）式からより構造が単純で堅牢なコイル・

スプリング（渦巻バネ）式に変更したT1E1が完成。これが良好な走行性能を示したため、砲塔を若干改修して1935年にM2A1軽戦車として制式採用した。

M2A1は全長4・1m、重量8・5トン、最大装甲厚15㎜、銃塔に主武装の12・7㎜機関銃を搭載していた。しかし、このM2A1はわずか10輌ほどの生産で打ち切られ、1937年からは単一銃塔から左右の複銃塔に変更したM2A2に移行。この当時、世界的に砲（銃）塔の数を増やした戦車が火力強化の一方策として各国で開発されており、米軍もまた、この風潮に影響されたのだ。M2A2は左の銃塔に12・7㎜、右の銃塔に7・62㎜機関銃を装備し、237輌が生産された。1938年には、車体後部を30㎝延長して燃料タンクの容量を増やし、最大装甲厚を22㎜に強化したM2A3が登場し、約70輌が生産される。

しかし、その頃勃発していたスペイン内戦での機甲戦の情報が米軍にもたらされ、現在のM2程度の火力や防御力では欧州列強の戦車や対戦車兵器に対して不十分である事が判明する。こうして38年12月にはM2A3の生産が中止され、強化型M2の開発が開始された。

1939年5月には37㎜戦車砲を搭載した大型の2名用単一砲塔を採用し、最大装甲厚も25㎜に増強され、重量も11トンを超える新型M2の試作車輌が完成。アバディーン兵器試験場の各種試験を経て、M2A4軽戦車として生産が決定する。そして、第二次大戦勃

左右の銃塔に12.7㎜、7.62㎜機関銃を1挺ずつ搭載したM2A3

単一砲塔に37㎜砲と7.62㎜同軸機関銃を搭載したM2A4

発後の1940年5月から、機関車・自動車メーカーのアメリカン・カー・アンド・ファウンドリーで約1年に渡って365輌、アメリカの参戦後の1942年4月にはボールドウィン・ロコモーティブで10輌、計375輌が生産された。

これらM2軽戦車はほとんど米本土で訓練用に使用され、海兵隊第1戦車大隊に配備された36輌のM2A4が南太平洋のガダルカナル島での日本軍との戦いに投入されたのが唯一の実戦参加だが、後継車輌であるM3軽戦車以後も連綿と続いた米軍軽戦車の祖となった功績は、決して軽視されるべきものではない。

SPEC

M2A4軽戦車
M2A4 Light Tank

重量	11.6t	全長	4.43m
全幅	2.47m	全高	2.64m
エンジン	コンチネンタルR-670-9A 空冷星型7気筒ガソリン(262hp)×1		
最大速度	60㎞/h(路上)		
行動距離	113㎞		
武装	50口径37㎜戦車砲×1 7.62㎜機関銃×5		
最大装甲厚	25㎜	乗員	4名

SCR-268レーダー

1938年制式化、アメリカ陸軍初のレーダー

第一次大戦後、増大する航空機の脅威に対し、各国では防空のための早期探知システムの実用化をめざす模索が続けられていた。1930年代に入り、第一次大戦以来の聴音器とサーチライトに代わる新たなるシステムとして、電磁波が金属に反射される原理を応用した電波による探知システムがアメリカやイギリスなど世界各国で注目されるようになる。

1930年、アメリカ陸軍で新型探知システムの開発が始められた。開発は、電波を利用する通信機器を扱う陸軍通信隊内に設立された通信隊研究所（SCL）が中心となって進められた。だが、当時SCL内で赤外線探知システムに比べ、傍系の電波探知システムは出力の低い発電機しか調達できず、開発は数年間も難航した。

一方、1920年代後半から物体への反射率の高い、短い波長を持つ極超短波を利用する研究も進んでおり、SCLがその知見を調査したところ、有望な技術であると判断された。35年に電機メーカーRCAの技術協力も得て、極超短波を使用する電波発信機と受信機を開発。同年に行われた実験で1・6km先の目標の探知に成功した。

軍事用電波探知システムでの研究開発では陸軍よりも海軍が先行しており、SCLの内部では、海軍の開発拠点である海軍調査研究所（NRC）に人員を派遣してその技術を学ぶべきだという声が上がり始めた。

SCR-268の全体外観。中央上部に電波の送受信機、同下部にオペレーター席（3名）、その左右に格子状のアンテナが配されている

そこで、元NRCの技術者であり、当時はSCLのチーフエンジニアであったウィリアム・ハッシュバーガーが派遣され、詳細な調査が行われる。調査後、ハッシュバーガーはNRCの極超短波パルスを使用する探知装置をベースにした実験装置を開発し、その実用化に向けて動き出した。

このプロジェクトは陸軍内部ではなかなか理解が得られなかったが、各方面に新型探知システムとして提示された結

SPEC

SCR-268レーダー
SCR-268 radar

周波数	205MHz
パルス繰り返し時間	244μs
パルス繰り返し周波数	4,098Hz
パルス幅／受信時間	6±3μs
ピーク電力	75kW
計測範囲	36km
ビーム幅	12°
精度	±183m、±1°

果、1936年2月にようやく陸軍沿岸砲兵司令部より砲兵用の「全天候型標的照準システム」として要望を獲得した。この時点でプロジェクトは、ハッシュバーガーの後任であるポール・E・ワトソンに引き継がれた。

同年秋からはニューヨークで1・6km間隔で設置された電波送信機と受信機による実験も始まり、12月14日には約11km先の航空機の探知にも成功した。翌37年には、共にアンテナ装備の送信機と受信機から成る試作機が完成。5月27日夜には実用実験が行われ、16km先のB‐10爆撃機をサーチライトと連動しながら捕捉した。この実験結果は、視察していたヘンリー・A・ウッドリング国防長官にも強い印象を与え、その後の議会で25万ドル（現在の貨幣価値で約8億円）の予算が認められる運びとなった。

実用化にあたっては、電機メーカーのウェスタン・エレクトリックとウェスティングハウスも参加し、改良が加えられた。幅約12mの格子状のアンテナを持つ一体型送受信機が3名のオペレーターにより操作され、探知能力は36kmに拡大した。この機器は1938年にSCR‐268として制式化され、アメリカ陸軍初のレーダーとなった。なお、名称のSCRは〝Signal Corps Radio〟の略で、英語で「通信隊無線機」を意味する。

SCR‐268の生産はウェスタン・エレクトリックで行われ、40年から部隊への配備が開始された。のちに早期警戒能力を高めた後継機SCR‐270が登場すると生産順位を下げられたが、間もなくアメリカが参戦した第二次大戦では高射砲の照準誘導や索敵に活躍し、終戦までに3000基以上が生産された。

実用化までに紆余曲折ありながらも、アメリカの軍民の技術力が結集し、今日の米軍のレーダーの礎を築いた兵器と言えるだろう。

SCR-536無線通信機

米陸軍の通信を劇的に変えた「ハンディ・トーキー」

今も昔も、戦いにおいて情報伝達が重要なのは言うまでもない。20世紀初頭、イタリア人発明家のグリエルモ・マルコーニが無線通信機の実用化に成功して以来、日露戦争や第一次大戦で軍用通信は目覚しく発達する。しかし、20世紀の前半の通信機は大型で移動させるのも容易ではなく、最前線で戦う兵士の通信手段には課題が残されていた。

1940年、アメリカ陸軍はラジオメーカーであるガルヴィン・マニュファクチャリング社（後のモトローラ社）に前線でも使用出来る小型軍用通信機の開発を指示した。そんな時、州兵の演習を視察していたガルヴィン社の重役エルマー・H・ウェイバリングは、車輌装備型通信機の戦闘時における実用性の低さに気づき、「兵士が携帯出来る通信機」の必要性を痛感。ウェイバリングの指示で主任技術者のドナルド・ミッチェル率いる開発チームが作業を行い、間も無く「SCR-536」という通信機を完成させた。

しかし、軍の通信を所管するアメリカ陸軍通信隊は、「携帯可能な小型通信機など通話範囲も小さく、実用性が無い」と興味を示そうとはしなかった。ところが、同時期にガルヴィン社の開発した背負い式通信機SCR-300を使用する兵士をたまたま見たフランクリン・ルーズベルト大統領が、「兵士が使用出来る機動的な通信装備」の必要性を軍に示唆したことから風向きが変わる。

その意を受けて、SCR-536を審査した陸軍は実用性の高さを理解し、直ちに採用。1941年7月にはガルヴィン社だけではなく、複数の企業の生産ラインも使って大量生産が開始される。

このＳＣＲ－５３６は長さ40㎝、重量が約２㎏という、兵士が片手で持つことが出来る、当時としては世界最小クラスの通信機だった。通信方式は電波の到達距離が短く（最大通話距離は地上で１・５㎞、水上では４・８㎞）、音質も低いが、受信装置に複雑な構造を必要としない中波帯を使用するＡＭが採用された。また、その機械部分は防水防塵のアルミ製ケースで防護され、最前線の過酷な環境でも使用に耐える高い実用性を持っていた。操作も装備されたアンテナを伸ばすと電源が入り、本体のボタンを押すと通話が出来るという単純なものである。

間も無く第二次大戦に参戦した米軍では、ＳＣＲ－５３６が歩兵部隊や空挺部隊を中心に広く装備された。最前線では中隊から分隊レベルの通信機として配備され、１９４２年に南太平洋で始まったガダルカナルの戦いで本格的に使用されると、その堅牢さや単純な操作法が兵士達に好評をもって迎えられた。以後、米軍の赴く戦場ではどこでもＳＣＲ－５３６が使われるようになり、最前線でも部隊間の通信能力が格段に向上。情報伝達力の向上は、そのまま米軍の戦闘力の向上にも繋がった。

当初は実用性に懐疑的だった陸軍通信隊も、この劇的な状況に「最小の野戦通信装備」と大々的に広報し、携帯用通信機を意味する「ハンディ・トーキー」というニックネームで広く知られるようになる。こうして、ガルヴィン社にとってＳＣＲ－５３６は企業イメージを代表するアイコン的存在にもなった。

ＳＣＲ－５３６は米軍で広く使用されるだけではなく、同盟軍にも供与された。さらに１９４３年のシチリア島の戦いでは、この通信機を捕獲したドイツ軍の兵士達が取り回しの良さに驚嘆したとも言われている。

大戦中、ＳＣＲ－５３６は約13万台が生産され、戦後は民間にも広く普及し、今に続く携帯用通信端末の先駆的存在となった。日本でもＪＳＣＲ－５３６として国産化され、自衛隊で使用されたが、そのコピ

ー生産は戦後日本の通信機器の技術に大きな影響を与えたという。

SPEC

SCR-536無線通信機
SCR-536 radio transceiver

重量	2.26kg（バッテリー含む）
周波数	HF（3.5～6.0MHz）
チャンネル数	50
通信距離	最大1.5km（地上）～4.8km（水上）
送信出力	360ミリワット
アンテナ	1.1m伸縮式

FIM-43 レッドアイ

8年かけて開発した歩兵用の肩撃ち式対空ミサイル

第二次世界大戦直後の1946年、アメリカ陸軍では従来の歩兵用対空火器であるブローニングM2重機関銃が、大戦末期に出現したジェット機の速度に対応出来ない事が予想され、新たな歩兵用対空火器が求められる事になった。これに対し、レーダー管制の機関銃や無誘導ロケット弾等様々な火器が検討されたが、1955年に重機メーカーのジェネラル・ダイナミクスの航空機部門であるコンベアで、航空機搭載型対地攻撃用の2・75インチ（70㎜）ロケット弾に、当時開発中の空対空ミサイル「サイドワインダー」の赤外線誘導システム（赤外線シーカー）を組み合わせた個人携帯型地対空ミサイル（後に携帯型防空ミサイルシステム＝MANPAD（マンパッド）と呼称される）という構想が生まれ、「レッドアイ」と名付けられて設計を開始する。翌1956年には、「バズーカ型ランチャーから肩撃ちされる携帯型対空ミサイル」というレッドアイの基本コンセプトが陸軍と海兵隊に提示された。この画期的なアイデアに対し、軍は「直径70ミリ、発射器を含めた重量9キロ以下」という具体的な仕様要求を決定したところ、コンベア以外にもノース・アメリカンやロッキード等の複数の航空メーカーも同様の地対空ミサイルの構想を提示する。軍はこれらを約1年検討した結果、1958年4月にコンベア案を採用。またこの開発プロジェクトには、陸軍のミサイル開発の中心的存在であるアラバマ州のレッドストーン工廠も加わった。

早速翌月には、カリフォルニア州のトゥエンティナインパームスやキャンプ・ペンドルトン等の海兵隊基地で、まず無誘導状態でのミサイルの発射実験が開始される。その後、人間工学に基づく、兵士が安全

スウェーデン陸軍がRBS69の名称で使用したFIM-43レッドアイ

に肩に担いで発射可能なミサイルシステムの検討を経て、1960年には誘導状態でのミサイル発射実験、1961年には肩撃ちランチャーからの発射実験も行われる。この年の10月12日には、ノースカロライナ州のフォートブラッグ陸軍基地でジョン・F・ケネディ大統領臨席の発射実験が行われ、開発プロジェクトは順調に見えた。

しかし、当初は1962年に実用化を予定していた開発は難航。予想を超えるコストの増大や操作性の悪さ、予定を下回るミサイルの速度、命中率も問題だった。この事が議会でも取りざたされ、一時は開発が中止されそうになる。しかし、既にジェット機時代に突入した現下の状況で歩兵用対空火器がM2重機関銃のみでは心もとない、という声も軍内部から上がり、かろうじて事なきを得た。

このような紆余曲折の

SPEC

FIM-43C レッドアイ

FIM-43C Redeye

重量	8.3kg
全長	1.20m
直径	70㎜
弾頭	M222 爆風破片効果弾頭
弾頭重量	1.06kg
最大速度	マッハ1.7
誘導方式	赤外線誘導
有効射程	4,500m

後、１９６3年6月「ＭＩＭ－43Ａ」として制式採用された。だが、なおも各種試験が続き、翌１９６４年には改良型の「ＭＩＭ－43Ｂ」も登場。このＭＩＭ－43Ｂが開発開始から約8年を費やした１９６６年4月に軍に納入され、翌１９６7年2月にはケンタッキー州フォート・キャンベル基地の第１０１空挺師団に初めて配備される。またこの年、更なる改良を加えた「ＦＩＭ－43Ｃ」（命名規則がＭＩＭから変更）が大量生産に入り、１９６9年9月までに各型合計で8万５０００基が生産された。

このレッドアイはやはり命中率（概ね30～50％）等の性能的な限界もあって、１９８０年代半ば以降には後継のＦＩＭ－92「スティンガー」と交替されたが、世界各地の同盟国、友好国に広く供与された。

80年代にはソ連軍と戦うアフガニスタンのムジャヒディン・ゲリラや中米のニカラグアで社会主義政権軍と戦う保守派ゲリラ「コントラ」にも供与され、ソ連製の航空機を撃墜している。また、この小型軽量なレッドアイはテロ組織の手に渡って、航空機に対する攻撃に使用される事を警戒し、全てシリアルナンバーを付与されて厳重に管理された。幸いにして、米軍のレッドアイが流失してテロに使用された例は確認されていないという。

レッドアイの発射シーン

シモノフPTRS1941
ドイツ戦車を迎え撃った対戦車ライフル

1930年代のソ連軍では、歩兵用対戦車火器として、当時各国で一般的だった対戦車ライフルの開発が行われていた。この時、じつに15種もの試作が行われたものの、どれも採用されず、1939年にようやく14・5㎜弾を使用するルカビシュニコフPTR39が採用された。

しかし、生産が始まってみると、他の小火器にリソースを取られてなかなか捗らず、軍内部でも「戦車に対抗するには対戦車砲の方が適当である」という〝対戦車ライフル不用論〟が唱えられる有様で、翌40年には対戦車ライフルの開発・生産そのものが中止されることとなる。

ところが、1941年6月にドイツ軍の侵攻が始まると状況は一変。対戦車ライフルの迅速な実用化が求められ、開発が下命されてからわずか3週間ほどで2種類の試作銃が完成した。一つは取り回しの良い徹底的にシンプルな構造を目指したヴァシリー・デグチャレフのボルト・アクション単発手動式ライフル、そしてもう一つが、素早い連射による火力強化を目指したセルゲイ・シモノフによるガス作動式自動連発式ライフルだった。

この二つのライフルはそれぞれ異なる特性を持ち、どちらも実戦で有用であると判断されたことから、1941年8月29日にデグチャレフ型はPTRD1941、シモノフ型はPTRS1941として制式採用された。

このうちPTRS1941は全長2mに及ぶ長大なライフルで、設計者シモノフがこれ以前に開発した自動小銃AVS36のものを参考にした、弾薬の燃焼ガスによって動くピストンがボルトを後退させる連発機構を採用した。装弾数は5発で、14・5㎜の弾を約1000m／秒の初速で発射した。この14・5㎜弾は距離500mで厚さ25㎜の装甲板を貫徹する威力をもち、当時のドイツ軍戦車に対して有効であると判断されていた。

しかし構造が複雑なPTRS1941は、戦局の影響で工場が疎開を余儀なくされたことと相まって、41年中にわずか77挺しか完成しなかった。その後も、構造の単純なライバル的存在のPTRD1941の後塵を拝する形でなかなか生産が進まず、ようやく前線に行き渡るようになったのは1943年以降であった。

実戦に投入されたPTRS1941は、極寒となるロシアの冬にボルトが凍結して連射機能が停止し、手動でボルトを引く単発ライフルになってしまう不都合も発生したが、PTRD1941と共にソ連軍の主力歩兵用対戦車兵器として使用された。

大戦後半にはドイツ軍戦車の装甲が著しく強化されたため、ペリスコープや履帯といった弱点を狙う攻撃で対応し、これがドイツ軍が外装式補助装甲であるシュルツェンを開発する原因にもなった。結局、ソ連軍はアメリカ軍のバズーカのような対戦車ロケットランチャーを実用化できなかったこともあり、他国では廃れていった対戦車ライフルで第二次大戦を戦い抜いた。

こうして大戦中に約19万挺生産されたPTRS1941は、戦後

PTRS1941を携行したソ連軍の兵士（右）

市街戦の最中、PTRS1941で射撃を行うソ連軍の兵士

も長らく使用された。1950年代の朝鮮戦争では、対戦車兵器としてはもはや威力不足であったが、陣地への攻撃などに用いられる対物火器として命脈を繋いだ。その後は、ソ連の同盟国などに供与されると共にソ連軍でも予備兵器として保管される。

そのまま過去の兵器として忘れ去られるかと思いきや、冷戦後期に長距離狙撃や対物射撃用のライフルとして復活。21世紀になってもウクライナ紛争で使用されており、ソ連軍兵器らしい堅牢さを遺憾なく発揮した。

日本では専ら、アニメ映画『ルパン三世　カリオストロの城』で次元大介がクライマックスで使用する巨大なライフルとして知られているが、実際には一人で使用するのはなかなか困難であるといわれている。

SPEC

シモノフPTRS1941
Simonov PTRS1941 Anti-Tank rifle

全長	2,108mm
銃身長	1,350mm
重量	20.93kg
口径	14.5mm×114
装弾数	5発（内蔵弾倉）
作動方式	ガス圧利用式
銃口初速	1,020m/s
有効射程	800m

GAZ-69

東側諸国で広く使われた「働き者」の軽車輌

1940年末、アメリカで軍用小型汎用車輌のバンタムBRCが開発された。後に「ジープ」と称されるようになる一連の車輌の最初の生産型である。その情報をいち早く掴んだソ連軍は、西部の都市ニジニ・ノヴゴロドにあるゴーリキー自動車工場（GAZ）の技術者を中心に同様の車輌の開発を始めた。

それまでソ連軍の小型車輌は指揮官用車輌ぐらいしかなく、新型車輌も同様の用途が想定されていた。軍の意向を受けたGAZ技術陣の動きは早く、第二次大戦直前から戦中にかけ、ジープの影響が見受けられる四輪駆動の小型車輌GAZ-64やその改良型のGAZ-67を矢継ぎ早に開発した。

しかし、1941年6月にドイツ軍の侵攻が開始されると車輌の生産ラインではより必要性の高い装甲車が優先され、GAZ-64やGAZ-67はいずれも終戦まで少量生産に終始した。その一方で、独ソ戦勃発後はアメリカからバンタムBRCの発達型であるウィリスMBやフォードGPといったジープが5万輌以上も供与され、指揮官用のみならず偵察、連絡、軽輸送など幅広い用途に供された。そして大戦が終わり、機動力の高い小型汎用車輌の有効性を理解したソ連軍は、GAZ-67の後期型GAZ-67Bの生産を本格化させ、1950年代前半までに9万輌以上を生産した。

1946年にはGAZ-67の開発にも携わった主任設計士のグレゴリー・ヴァッサーマンを中心とするチームが後継車輌の開発を開始、1948年に「トルゼルニク」（ロシア語で「労働者、働き者」の意）と名付けられた試作車輌が完成する。

GAZ-69に乗ってパレードに参加したポーランド軍第6空挺師団の兵士たち。GAZ-69の幌が外され、車体後部にB-10無反動砲が据え付けられている

ＧＡＺでは同時期に並行してトラックや乗用車の開発も行われていたため、汎用車輌の試作は遅れ気味だった。それでもソ連各地の様々な環境下で路上試験が行われ、中には10万kmを走破した長距離走行試験もあったという。試験結果は良好で、１９５２年には限定生産が承認され、翌１９５３年7月に正式に生産が始まった。この新型汎用車輌はＧＡＺ－69と命名された。

ＧＡＺ－69では、同時期にＧＡＺが開発した技術的な新機軸を盛り込んだ乗用車ＧＡＺ－M20の三速マニュアル型トランスミッションや55馬力のガソリンエンジンを採用。このエンジンを可能な限り前方に置くレイアウトで、全長がＧＡＺ－67Ｂよりも50cm長く

SPEC

GAZ-69
GAZ-69 Universal Vehicle

重量	1,535kg
全長	3.85m
全幅	1.75m
全高	1.95m
エンジン	2.1リットル ガソリンエンジン（55hp）×1
最大速度	90km/h
貨物積載量	500kg（最大）
乗員	2～6名

なった車体には後部座席と貨物スペースの余裕ある配置を可能にした。その反面、このレイアウトは前輪に過負荷をかけてしまう欠点もあったが、GAZの開発チームは後に改良している。

それまでのジープに影響を受けた車輌にはなかった両側のドアには手袋をしたままでも開閉し易いハンドルを取り付け、寒冷地の多いソ連の国情により適した構造となった。

GAZ-69の生産開始直後、その高い実用性を評価したソ連閣僚会議（内閣）が生産を拡大する事を決定。1954年に生産拠点をGAZからモスクワ東部の都市ウリヤノフスクにあるウリヤノフスク自動車工場（UAZ）に移し、以降1971年までGAZとUAZの両方で合計63万輌以上が生産された。このため、しばしばUAZ-69という呼称でも知られる。

GAZ/UAZ-69は冷戦期のソ連を代表する小型四輪駆動汎用車輌となり、東欧の社会主義諸国をはじめとして50カ国以上に輸出され、ルーマニアや北朝鮮ではライセンス生産された。軍用のみならず民間車輌としても救急車や各種学術調査用、不整地での作業用など幅広く使用されている。

1970年代以降、ソ連軍では後継のUAZ-469に取って代わられたが、世界各地では旧式化しながらも、今なお多くのGAZ-69が軍用、民間用として現役だ。

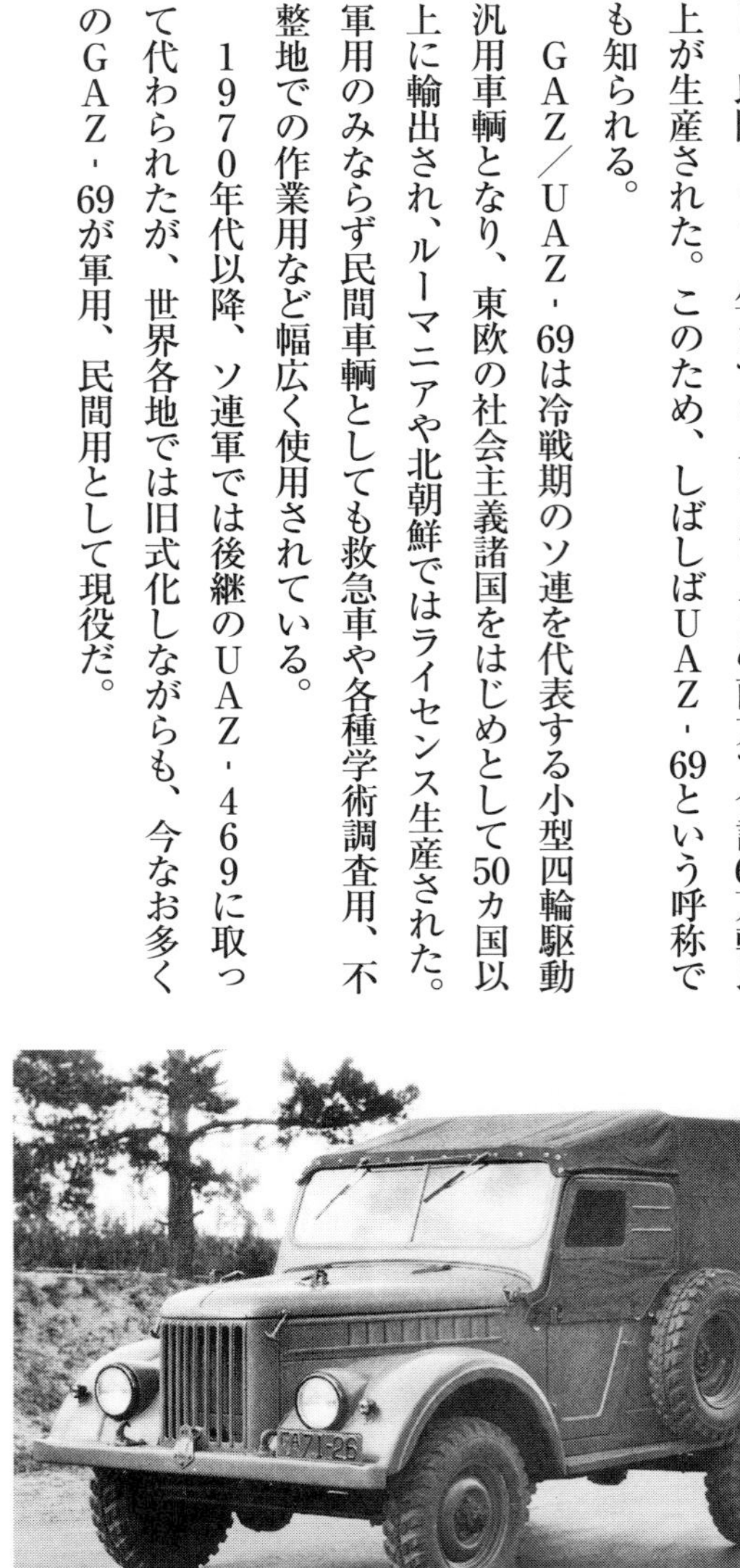

幌をつけた状態のGAZ-69

UZI短機関銃

イスラエルの銃器を代表する伝説的短機関銃

1948年、中東中心部のパレスチナに建国されたユダヤ人国家イスラエルは、周囲のアラブ諸国との激しい紛争の末、翌年に独立を勝ち取った。しかし、建国後もアラブ諸国と激しく対峙する情勢の中、軍備の整備が優先事項となる。

特に重要視されたのは、独立戦争時に他国の思惑によって兵器の輸入を制限された苦い記憶を背景とする兵器の国産化だった。同時に、当時のイスラエル軍は世界中から手当たり次第に輸入した雑多な兵器を装備し、その整備や兵站の煩雑さもまた問題となる。

しかし、建国間もないイスラエルの貧弱な工業力では、戦車や航空機のような高い技術力を要する兵器の国産化は困難だった。そこで手始めに小火器、特に比較的構造の単純な短機関銃の開発が1950年に決定した。当時、イスラエルでは国内に点在する集団農場自治体キブツに対して、国境を越えて襲撃するアラブ人ゲリラの脅威が深刻化しており、機動力のある小火器が求められていた情勢も、この決定には影響したと思われる。

間も無くイスラエル陸軍の兵器研究所で、ハキム・カラ少佐とウジル・ガル中尉の二人の技術将校がそれぞれ二挺の試作銃を設計。1950年末から南部のネゲブ砂漠での実用試験の結果、翌1951年にはガル中尉の短機関銃が採用された。この短機関銃はイスラエルの当時の工業力でも容易に生産が出来るように、部品を極力絞り込み、その生成にも生産性の高いプレス加工を採用している。

そして発射機構は構造が単純で堅牢なオープンボルト方式（遊底＝ボルトが発射時に後方で保持される）、銃身をボルト内に深く入り込ませて短くした47cmの全長、伸縮して外部からの塵埃の侵入を防ぐボルト等、独立以前からユダヤ人武装組織で銃器の設計に従事していたガルの設計思想は徹底して取り回しの良さを追及していた。

また、コンパクトな外見の割にずっしりとした３８００ｇ（全長が倍程度の他国の短機関銃とも同等の重量）の重量が反動を相殺するため、フルオート時にも安定した射撃が可能で実用性も極めて高い。これらの構造は、独立戦争時にイスラエルが東欧のチェコスロバキアから輸入していたｖｚ．23短機関銃から着想を得たとも言われる。

こうして、イスラエル軍に制式採用された短機関銃は、開発者ガルの名にちなんでＵＺＩ（日本語ではウージーまたはウジと表記）と命名されたが、ガル自身は自分の名が銃につけられる事に反対していたと伝えられる。

軍に制式採用されたＵＺＩは、直ちに軍需企業イスラエル・ミリタリー・インダストリーズ（ＩＭＩ）での生産が開始された。数年後には陸軍の特殊部隊に配備され、越境侵入するアラブ人ゲリラとの戦闘に投入される。そして、１９５６年には軍の部隊に広く配備され、同年に勃発した第二次中東戦争で本格的に初陣を迎えた。

これらの厳しい実戦の中で、ＵＺＩの取り回しの良さと堅牢な構造、コンパクトな外見からは意外なほどの強力な火力が兵士達に高く評価される。この初陣と相前後して、オランダ軍がＵＺＩを制式採用したのを皮切りに、世界各国の１００近くの軍や治安組織、警察等に採用され、第二次世界大戦後の銃器としては最も成功したものの一つとなった。また、民間用としても人気が高く、数多くのアクション映画にも

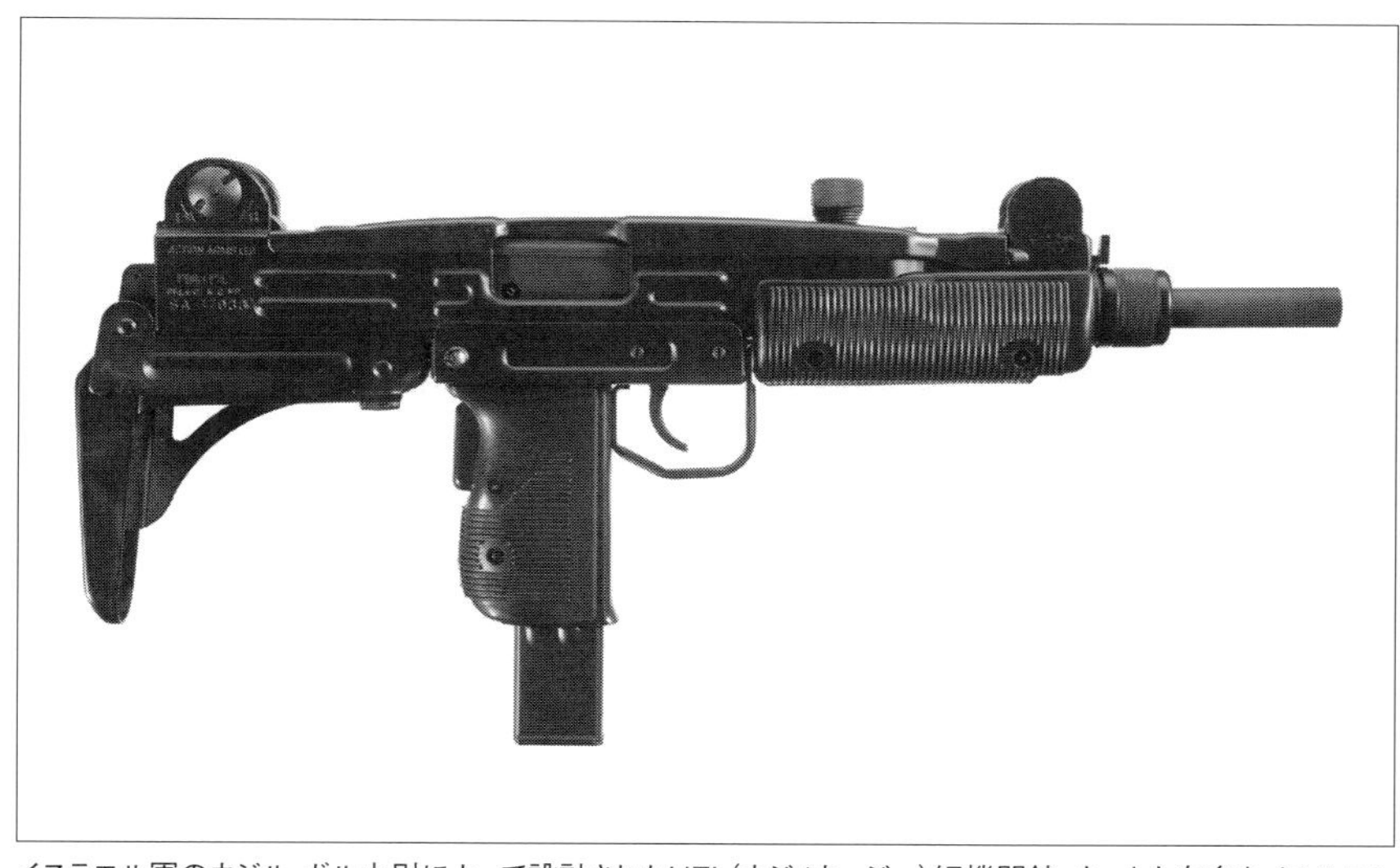

イスラエル軍のウジル・ガル中尉によって設計されたUZI（ウジ/ウージー）短機関銃。もっとも有名なイスラエル兵器の一つだ（Ph/Uziel Galishto）

登場しているのはよく知られるところである。

ＵＺＩの総生産数は、ライセンス生産やコピー生産も含めると一千万挺を超え、現在もＩＭＩから分離した民営企業で生産は継続中だ。２００３年にイスラエル軍の主要な小火器としては退役したが、軽量型が引き続き特殊部隊で使用され、イスラエル国民にとってＵＺＩは今なお祖国の独立を守ったアイコンであり続けている。

SPEC

UZI短機関銃
UZI submachine gun

口径	9㎜
全長	470㎜
銃身長	264㎜
重量	3,800g
使用弾薬	9×19㎜パラベラム弾
装弾数	20/25/32/40/50発
作動方式	ブローバック
発射速度	600発/分
銃口初速	400m/秒
有効射程	200m

ＹＰ-４０８装甲兵員輸送車

オランダ製軍用車輛における最大のヒット作

１９３２年、オランダ南部の工業都市アイントホーフェンで、鍛冶屋の息子兄弟であるヨゼフ・ヴァン・ドールネとウィム・ヴァン・ドールネが起業した車輛メーカー「ＤＡＦ」(※)は、自動車産業の層の薄いオランダにあり、「トラド・サスペンション・システム」と呼ばれる四輪駆動の軍用トラック（主に火砲牽引車）を六輪駆動に改造し、不整地踏破能力を向上させるシステムを開発するなど、高い技術力で注目されていた。

第二次大戦の直前には、その技術力に目を付けたオランダ陸軍の要請を受けて偵察装甲車M39を開発。このM39は12輌が生産され、ＤＡＦはオランダでは数少ない軍用車輛メーカーとなった。

１９５０年初頭には、アメリカやイギリスから供与された雑多な軍用トラックを更新する必要を感じたオランダ陸軍からの要請で、ＤＡＦは積載量3トンの中型トラックＹＡ-３２８を開発。同車は１９５０年代を通じて約４５００輌が生産され、火砲牽引車や貨物輸送車として使われたヒット作となった。

１９５６年末、オランダ陸軍内でアメリカから供与されたM3スカウトカーの更新が決定し、ＹＡ-３２８の車体や部品を流用した装甲兵員輸送車の構想が浮上する。

１９５７年7月、オランダ陸軍はＤＡＦに装甲兵員輸送車ＹＰ-４０８の開発を指示し、1年後の１９５８年6月に試作車輛3輌が完成。約1年間の技術テストを経て、１９５９年6月には部隊での実用テストが開始される。この時、陸軍の広報紙はＹＰ-４０８を「オランダの地で生まれ、オランダの技術

※オランダ語で「ヴァン・ドールネ自動車工場」を意味する略称。

1959年6月16日、アイントホーフェン近郊のオイルスコート訓練場でオランダ陸軍のテストに供されるYP-408

者が開発し、オランダの企業が製造した、国際的にも遜色ない国産装甲兵員輸送車」と大々的に報道し、世論の注目を大いに集めた。

こうしてオランダ陸軍に採用されたYP-408は、平べったい外観を持つ八輪車（六輪駆動）で、全溶接構造の車体の前部にエンジンを搭載し、中央部に操縦室、後部に兵員室という車内レイアウトを採用していた。

なお、試作車輌ではアメリカ製のハーキュリーズ・ガソリンエンジンだった機関も、

SPEC

YP-408装甲兵員輸送車
YP-408 Armored Personnel Carrier

全長	6.23m
全幅	2.40m
全高	2.38m
自重	10トン
戦闘重量	11～13トン
エンジン	DAF DS575 6気筒ターボディーゼル（165hp）
装甲厚	8～16㎜
最大速度	82㎞/h（舗装路）
行動距離	300㎞
武装	12.7㎜機関銃×1 7.62㎜機関銃×1
乗員	2名（＋兵員10名）

「オランダ国産」というキャッチコピーのもとDAFが開発した国産ディーゼルエンジンに換装している。浮航能力はないが、操縦室から機関部を閉塞して与圧する機能があり、限定的な渡渉能力を有していた。

ＤＡＦは１９６１年に軍から２５０輛の第一次発注を受けたものの、予定通りに生産する能力が欠けている事が判明。急遽、オランダ軍向けのＡＭＸ13軽戦車を生産したフランスの国有軍需メーカーＡＭＸ（イシー＝レ＝ムリノー工廠（こうしょう））に生産を委託する事になり、本格的な部隊配備は１９６４年までずれ込んだ。

ＹＰ－４０８は１９６８年まで７５０輛が生産され、軍用車輛の開発経験の乏しいオランダにとって最大の成功作となった。その中には基本型の兵員輸送車の他に、フランス製１２０㎜迫撃砲を搭載した自走砲、アメリカ製の対戦車ミサイルＴＯＷを搭載した型、地上レーダーを搭載した型など様々な派生型が存在する。

ＹＰ－４０８は１９８７年までオランダ軍で運用されたが、その間、１９７９年から１９８３年にかけてレバノン内戦に派遣された国連平和維持軍であるＵＮＩＦＩＬ（国連レバノン暫定軍）のオランダ軍部隊で使用されたのが数少ない〝実戦〟経験であった。

海外へも１９７５年に独立した南米の旧オランダ植民地のスリナムに5輛が供与され、１９８０年代に繰り返されたクーデターでは戦闘で撃破される車輛も出ている。その他、１９９０年代初めにポルトガル空軍憲兵隊に28輛が供与され、21世紀に入っても空軍基地の警備に使用されていたという。

ランド・マットレス

大戦末期に投入されたカナダ砲兵部隊のロケットランチャー

時は1942年、第二次大戦中の北アフリカ戦線でのこと。当時ドイツ軍と戦っていたイギリス軍の砲兵将校だったマイケル・ワーデル中佐は、戦闘中に敵軍に追い詰められていた。その際、ワーデル中佐はとっさの機転で、対空用に配備されていたロケット砲を地上の敵軍に使用する。すると、その効果は絶大で、忽ち戦意を喪失した敵軍の撃退に成功した。この体験でロケット砲の有効性に気づいたワーデル中佐は、イギリスに帰還後に早速地対地多連装ロケットランチャーを開発。1944年初頭、イギリス南部ラークヒルの陸軍砲兵学校で国防省の関係者を招いてデモンストレーションを行うが、全く興味を示されなかった。19世紀にはロケット砲を盛んに使用していた英陸軍だが、この当時命中率の低いロケット兵器の評価は低く、対空用に高射砲の補助兵器として使われる程度だったのだ。

しかし、この時オブザーヴァーとして招待されていたカナダ軍の砲兵将校エリック・ハリス中佐が、このロケット兵器に興味を示した。以前よりロケット兵器の有効性に気づき、既にカナダ軍内で多連装ロケットランチャーの開発を進めていたハリス中佐は、ワーデル中佐を開発チームに招聘。ロケット兵器にほれ込んでいた二人を中心とするチームは、カナダ軍の英派遣部隊であるカナダ第1軍の支援も受けながら、精力的に開発を進める。開発チームは、ロケット兵器に対する根深い不信感を持つ英陸軍砲兵隊の非協力的な態度を受けながらも、その年の初夏には試作型ランチャーを完成させた。

この兵器のコアである口径3インチ（76・2㎜）、全長170㎝、初速353m／秒、最大射程約

7000mのロケット弾は、空軍のロケット・モーター、海軍の弾頭、陸軍の信管を組み合わせた構造であり、手に入るものを何でも活用せざるを得なかった開発チームの苦労が偲ばれる。このロケット弾を30発装備する小ぶりな二輪式ランチャーによる発射試験も、1944年6月から7月にかけて行われ、良好な結果を示した。早速、カナダ軍はこのロケット砲を採用し、「3インチ・ロケットNo.8Mk1プロジェクター」と命名するが、この頃イギリス海軍が上陸作戦の火力支援に使用していたロケット弾「シー・マットレス」に因み、その陸上版として「ランド・マットレス」と呼ばれるようになった。

このマットレスは、9月にフランスに上陸していたカナダ軍へ送られ、ロケット砲兵隊が編成されるが、これは試作ランチャーの完成から僅か数カ月という早さだった。そして、11月1日、遂にオランダ南部沿岸の町ワルトヘレンのドイツ軍施設に対して、6時間で1000発を超えるロケット弾を打ち込み、初陣を成功裏に飾る。続いて11月6日には、やはりオランダ南部の町ブレダに進攻する第1ポーランド機甲師団を支援し、2400発のロケット弾を打ち込んで敵戦線を崩壊させる戦果を挙げた。この活躍によって、マットレスの威力を確認したカナダ軍はロケット砲兵部隊を戦闘に投入。前線では、小回りの効くランチャーはカナダ兵達に大変好評であり、終戦直前には部隊に迫っ

フル装填したランド・マットレス

ランド・マットレスの装填にはそれなりの人手を要した

てきたドイツ軍の自走砲を直接照準で撃破する戦果も残している。

このマットレスは開発経緯も決して恵まれたものではなかったが、周囲の無理解をものともしなかった開発者のワーデルとハリスの情熱、そしてその情熱を正しく評価し、支援したカナダ軍の慧眼が生み出した兵器である。その登場が大戦後半という遅い時期でなければ、ドイツ軍のネーベルヴェーファーやソ連軍のカチューシャのように、第二次大戦を代表するロケット兵器の一つになっていたに違いない。

SPEC

ランド・マットレス
Projector,Rocket 3-inch, No.8 Mk.1 (Land Mattress)

重量	1,118kg
ロケット弾口径	76.2mm
ロケット弾全長	1.77m
ロケット弾重量	30.5kg
弾頭重量	3.18kg
初速	353m/s
最大射程	7,230m

スターSi35短機関銃

スペイン内戦では共和国軍と反乱軍の双方に供給

スペイン北部バスク地方にある地方都市エイバルは歴史的に製鉄と武器の製造で知られる。20世紀初頭の1905年、エイバルの銃器製造場経営者ホセ・エチェベリアの息子であったボニファシオとフリアンの兄弟は自動拳銃を開発し、自身の銃器製造会社を起業した。間もなく、弟のフリアンはその事業から手を引くが、兄のボニファシオは自らの会社を「ボニファシオ・エチェベリアS.A.」として拡大する。

第一次世界大戦時には、自社製の自動拳銃がフランス軍に採用されて、事業も更に拡大。しかし、第一次大戦の終結に伴ってフランス軍向け拳銃は大量にキャンセルされ、経営は危機に陥った。終戦翌年の1919年、新たな販路拡大のために「スター」のブランドを商標登録し、以後の自社製品はこのスターの名を冠して製造、販売されるようになる。

1930年代に入ると、新たな小火器として徐々に広まりつつあった短機関銃の開発にも乗り出した。この時、短機関銃では先進国であったドイツのMP28に触発され、当時の主力設計者であったヴァレンティン・スイナガとアイザック・イルスタによって、1934年に最初の銃が完成。この「スターIS34」（ISはイルスタとスイナガのイニシャル）と呼ばれる銃はフルオート機能を持たない、拳銃弾を使用するカービン銃であり、いわば習作として少量生産に終わった。

このIS34をベースにフルオート機能を追加したのが、同社にとって初の本格的な短機関銃である「スターSi35」だ。当時の短機関銃としてはオーソドックスなブローバック機能を採用し、先進的な特徴とし

スターSi35 短機関銃

て、セミオートとフルオートのセレクターを持っていた。しかし、二つあるセレクターレバーで、セミオート、低速フルオート（毎分300発）、高速フルオート（毎分600発）を使い分ける操作は複雑で、実用性には疑問もつく。そのうえ、この複雑な機能のために生産コストも上がった。

このように設計には新機軸も盛り込んだ短機関銃だったが、軍には採用されず、準軍事組織である治安警備隊（グアルディア・シビル）への採用に留まる。とはいえ会社としては、新たな商品である短機関銃に期待をかけており、Si35の構造を単純化しセミオートと低速フルオートに発射機能を限定した「スターRu35」も開発された。

開発翌年の1936年、スペインでは陸軍のフランシス・フランコ将軍による共和国政府への反乱が勃発し、政府に忠誠を誓うボニファシオ・エチェベリアS.A.は生

SPEC

スターSi35短機関銃
Star Si35 submachine gun

全長	900mm
銃身長	269mm
重量	3.74kg（弾倉が空の状態）
使用弾薬	9mmラルゴ（9×23mm）
装弾数	10/30/40発
作動方式	遅延式ブローバック
銃口初速	411m/s
発射速度	300-600発/分

産した銃器を共和国軍に提供する。しかし、内戦勃発翌年の1937年4月にエイバルが反乱軍に占領されて以後は、銃器をフランコ側へ供給する事となった。その結果、約3年間の内戦中に数千挺生産されたSi35とRu35は、共和国側、フランコ側の双方で使用された。内戦末期の1939年には、Ru35の構造を更に簡略化した「スターTN35」が開発され、発射速度も毎分700発に向上した。

内戦終結の翌年の1940年、ボニファシオ・エチェベリアS.A.はニューヨークに設立した販売代理店「アトランティック・インポート・カンパニー」を通じて、Si35をアメリカ陸軍へ売り込む。第二次世界大戦は既に始まっていたが、スペインもアメリカもこの時点では中立国だった。米陸軍はSi35をテストするものの、スペイン独自の拳銃弾9㎜ラルゴを使用する短機関銃に魅力を感じず、不採用になる。その後1941年から1942年にかけて、枢軸国のドイツ、連合国のイギリスとアメリカへそれぞれTN35が売り込まれるが、いずれも採用されず、中立国の立場を活かした営業は実を結ばなかった。

スコダ10㎝ M.14榴弾砲

20世紀前半の戦場を駆け抜けた東欧発の野砲

1909年、オーストリア＝ハンガリー帝国陸軍技術委員会は、旧式化した主力野砲10㎝M.99榴弾砲を更新する新型砲の開発を決定。5年後の1914年6月、帝国を代表する兵器メーカーである、北部ボヘミア地方を拠点とするスコダと、首都ウィーン近郊のカプフェンベルグを拠点とするビューラーがそれぞれ開発した新型砲の比較試験が行われた。最終的にスコダ製の砲が「10㎝M.14榴弾砲」として採用されるが、それと相前後して第一次世界大戦が勃発する。

このM.14は砲身が青銅製という古めかしい構造であったが、発射する度に砲自体が反動で後退していたM.99とは異なり、世界の主流となっていた液気圧式駐退機を装備し、ようやくオーストリア＝ハンガリー軍は近代的野砲を手に入れた。駐退機以外は全体的に余り新機軸も無いが、堅牢な構造で操作性や生産性も高い優れた野砲と評価される。

開戦翌年の1915年から、本格的な部隊配備が始まり、その後は大戦を通じてオーストリア＝ハンガリー軍の主力野砲として使用された。ロシア軍と戦った東部戦線やイタリア戦線など、各地で高い信頼性を発揮。駐退機のおかげでM.99よりも発射速度が向上し、砲兵の火力向上にも貢献する。初期型では青銅製だった砲身も、後に鋼鉄製になり、1918年のオーストリア＝ハンガリーの敗戦まで、スコダとビューラーで6458門が生産された。

第一次大戦の敗戦でオーストリア＝ハンガリーが崩壊した後、後継国家となったオーストリアとハンガリーの軍で引き続きM.14は主力野砲として使われた他、その領土から独立したポーランドとチェコスロバキアでも使用された。この内、メインメーカーのスコダを領内に抱えるチェコスロバキアでは、オリジナルの19口径から24口径に拡大し、装薬を改善して最大射程が2000m近く延伸し約1万メートルとなった改良型の「10cmM.14/19榴弾砲」も1919年に開発する。これはチェコスロバキア軍のみならず、M.14を使用しているハンガリー、ポーランドでも採用され、やはり旧オーストリア＝ハンガリーから独立したユーゴスラビアにも採用された。

しかし第一次大戦後、M.14最大のユーザーとなったのはイタリアである。戦中の捕獲、戦後の賠償などで総生産数の4割に相当する約2700門を保有し、「100/17Mod.14」と呼称。1930年代に入ると、戦後のイタリア軍砲兵の一翼を担う砲となった。車輌牽引を行うために木製車輪を金属製に交換し、ソリッドタイヤからゴムタイヤに換装される。

第二次大戦にイタリアが参戦した際には、1325門のM.14がイタリア軍と国境警備隊に配備されていた。北アフリカ戦線で使用されると、敵となったイギリス軍の主力野砲25ポンド砲に比べ、初速や射程で劣っている事が明らかになるが、それでも貴重な火砲として、時には対戦車砲に転用されたりしながら、終戦まで使用される。

第一次大戦時のスコダM.14

ジャニコロの丘で時報として発砲される105/22 Mod.14/61

戦後も、残存したM.14に延長砲身やマズルブレーキを装着し、口径もNATO標準弾薬に適合させるために105mmに拡大され、25ポンド砲の防盾や回転台を流用した改良型が「105/22 Mod.14/61」と呼称される。この砲は60年代に入ると予備兵器となり、1990年の冷戦終結まで軍の装備として維持された。その後は流石に現役兵器としては使用されなくなったが、首都ローマ市内のジャニコロの丘で伝統的に行われている正午の時報を告げる大砲として、3門がメンテナンスを受けながら、1991年から現在まで交替で使われている。今なお兵器として生きている、オーストリア＝ハンガリー帝国の遺産である。

SPEC

スコダ 10cm M.14榴弾砲
Skoda 10cm M.14 Field Howitzer

口径	100mm
砲身長	1.93m（19口径）
重量	1,350kg
俯仰角	-7.5～+48°
発射速度	8発/分（最大）
砲口初速	407m/秒
最大射程	8,400m

パナールAMD35

25mm砲を搭載したフランスの四輪装甲車

第一次大戦時、フランスはイギリスと並び、装甲車の実戦投入に先鞭をつけた。この際、自動車メーカーであるルノーやプジョー等が乗用車やトラックをベースにした装甲車を開発。それらは騎兵部隊等に配属され、実戦に供される。第一次大戦後の1921年には、大戦時には装甲車生産に本格参入していなかった（少数の植民地用装甲車と他社装甲車の部品生産）老舗自動車メーカーのパナールが新たな装甲車の開発を決定。早速試作車輌「パナールAM20」を開発して軍に提案するが、採用されなかった。その後、1926年には、当時フランス軍の主力装甲車である、アメリカ製トラックをベースにしたラフリー装甲車の影響も見受けられる試作車輌「パナールM165／175」が完成。このM165／175は、北アフリカや中東等の植民地部隊用装甲車として軍に採用され、60輌が生産された。

1932年、部隊の機械化を検討していたフランス陸軍騎兵科では、偵察や戦闘用の各種装甲車の開発を決定。この方針を受け、パナールは敵地に長距離侵入を行う偵察用装甲車であるAMD（捜索装甲車）用の車輌として、M165／175を改良した「パナールTOE（海外領土用）-M32装甲車」を騎兵科に提案する。このTOE-M32は植民地に送られ、各種試験に供されるが採用には至らなかった。パナールはなおもこれを改良した試作車「パナールP178」を開発し、1934年に再度軍に提案する。このP178は騎兵科試験の結果、軍が提示した装甲車の仕様である重量4トンを倍近く超えていたにも関わらず、ルノーやラティルなど競合他社の試作車よりも高い評価を得て、その年の内に「パナール

戦後ベトナム国（南ベトナム）軍で使用されたP178B

AMD35」として制式採用に至った。

　このAMD35は、前方に操縦室、中央に戦闘室、後方にエンジンという、装甲車としては標準的なレイアウトをしていたが、重量こそ前身のTOE・M32よりも1トン増加していたものの、全長を1m短縮し、全体的にコンパクトにまとめられていた。また、TOE・M32の車体前面にあったラジエーターを廃止し、装甲板を装着した事で防御力も向上、近代化されたシンプルなデザインとなる。さらに、車内前後に配置された運転席により、前後双方に同様の走行能力を得た（軍は隘路（あいろ）での迅速な後退を想定）。このように様々な優れた能力を持つAMD35は、70km／hを超える俊足と約400kmにもなる行動半径という、軍が求める敵地への強行偵察も可

SPEC

パナールAMD35

Panhard Automitrailleuse de découverte 35

重量	8.2トン
全長	4.79m
全幅	2.01m
全高	2.31m
エンジン	パナールSK液冷8気筒ガソリン（105hp）×1
最大速度	72km/h
行動距離	300km
武装	73口径25mm戦車砲×1 7.5mm機関銃×1
最大装甲厚	20mm
乗員	4名

能な車輌となる。

生産開始が当時のフランス政府の国防政策の混乱や頻発した工場労働者のストライキ等に影響されて1938年までずれ込むが、その後は騎兵部隊や軽機械化師団の偵察部隊等に配備された。そして、運用が始まると搭乗した兵士達からの評判も上々で、「パン・パン」という愛称で親しまれた。幸か不幸か、開発や運用で迷走を続け、評価の低い車輌も目立つ大戦間期のフランス装甲車輌としては珍しく高評価が現在にも伝わっている。

1939年9月の第二次大戦勃発時には、360輌が軍に配備されており、翌年にフランスがドイツに敗北した後は、皮肉にも占領ドイツ軍からも高く評価され、残存車輌が接収使用されただけではなく、工場に残されていた車体が継続して生産されている。1944年8月に連合軍にパリが解放された後、パナールは再生産に着手し、その際に新型砲塔に47㎜砲を装備した火力強化型に改造され、「パナールP178B」と改称された。この戦後型のP178Bはインドシナ戦争など戦後の紛争でも使われ、フランス軍では1960年まで現役にあった。400輌を超えるP178Bも含めた総生産数は1200輌近くに達し、20世紀で最も成功したフランスの装甲車の一つである。

パナールAMD35

ヴィニュロン短機関銃

第二次大戦後に開発されたベルギーの短機関銃

西ヨーロッパの小国ベルギーは、19世紀初頭にオランダから独立した後、石炭や鉄鉱石を産出する南部のワロン地域（フランス語圏）を中心に工業化が進み、19世紀後半には東部の工業都市リエージュがヨーロッパでも有数の火器製造拠点となっていた。20世紀に入ると、ファブリーク・ナショナール（ＦＮ）に代表される銃器メーカーが、近世以来の火器職人達の伝統を受け継ぐ、高い技術力に裏打ちされたＦＮブローニングＭ１９００やＦＮブローニングＭ１９１０といった自動拳銃をいち早く開発。まだリボルバー中心の拳銃市場の中で、ベルギーの銃器は世界的ヒット商品となっていく。

その後、第二次世界大戦では中立を宣言したものの、第一次世界大戦同様にドイツ軍に国土を占領され、アメリカやイギリスを中心とする連合国の支援によって軍を再編した。連合軍によって国土が解放された戦後、ベルギー軍の装備は大戦中の経緯から米英製の小火器が混在していた。１９５０年代に入り、銃器の更新の動きが活発化する。同時に、占領ドイツ軍向けの生産を戦時中に余儀なくされてきたベルギーの伝統ある銃器産業復興のために、ライフルや機関銃等の国産銃器の開発が求められることとなった。

この頃、新型短機関銃の選定も始まり、最終的に陸軍は当時部隊でも使用されていたイギリス製のステン短機関銃を含め、ＦＮなど国内メーカーが試作した短機関銃など四種に絞り込み、採用試験に供する。この各種試験の結果、ベルギー陸軍の退役軍人と伝えられるジョルジュ・ヴィニュロンが設計した短機関銃が、１９５２年に「ヴィニュロンＭ１短機関銃」として制式採用された。このヴィニュロンＭ１は全体的にオーソドックスな設計であり、基本的な作動機構はステン短機関銃に酷似したブローバックを採用しているように、各国の短機関銃からの影響が随所に見受けられる。その外見上の特徴である、短機関銃にしては長い約30㎝の銃身は、発射時の安定性と命中精度の向上を指向していた。

軍の制式採用と相前後して、リエージュ近郊の銃器メーカーであるプレシジョン・リェジュアースで生産が開始されるが、その後間も無く、フロントサイト（照星）のプロテクターを追加するなど、数カ所を改良した「ヴィニュロンM2」に生産が切り替わった。

こうして採用されたヴィニュロン短機関銃は1960年代初めまでに10万挺以上が生産され、ベルギー軍と準軍隊組織である国家憲兵隊で20世紀末まで現用兵器として使われている。

また、アフリカのベルギー領から独立したコンゴ（現コンゴ民主共和国）、ルワンダ、ブルンジでも軍の装備として採用された。中でも、コンゴで1960年の独立後に勃発した内戦「コンゴ動乱」では、独立したコンゴの政府軍、南部カタンガなど分離独立を主張する各地の反乱軍、更にはカタンダ軍を支援する傭兵部

1964年11月の写真。左手の兵士はベルギー軍の空挺兵で、ヴィニュロンM2を手にしている

ヴィニュロンM2短機関銃

隊も使用。この傭兵部隊の指揮官だった、第二次大戦後の伝説的傭兵であるマイク・ホアーはこの銃に関して、「軽量で扱い易いが、排夾口カバーが脆弱なために、草原で使用していると下草が絡みつき易いのが欠点だった」と評している。この他、ポルトガル軍はこの銃を「Ｍ／９６１短機関銃」として採用し、１９６０年代から始まる、アフリカの植民地アンゴラとモザンビークでの紛争で使用した。

また１９８０年代に、イギリスの北アイルランドの反政府組織「北アイルランド共和国軍（ＩＲＡ）」が、民間市場経由で入手したと思われるヴィニュロンを使用している映像が残されている（インターネットで視聴可能）。この映像に登場するヴィニュロンは、何故か銃身が上下逆さまに取り付けられていた。これは設計上の問題ともいわれるが、謎の映像である。

SPEC

ヴィニュロンM2短機関銃
Vigneron M2 submachine gun

口径	9㎜
全長	695㎜(ストック折りたたみ時)/872㎜(ストック展開時)
銃身長	305㎜
重量	3kg(自重)/3.68kg(装填時)
使用弾薬	9×19㎜ NATO
作動方式	ブローバック
砲口初速	381m/s
発射速度	620発/分
有効射程	100m

TACAM T-60対戦車自走砲

ソ連の軽戦車にソ連の野砲を載せたルーマニアの対戦車自走砲

1941年6月、ルーマニアはドイツの同盟国として第二次大戦に参戦し、軍をソ連に進攻させた。戦局はドイツを中心とする枢軸同盟軍が優勢であり、ルーマニア軍もまた戦果をあげていたが、機甲部隊は戦場で対峙したソ連軍のT-34中戦車やKV-1重戦車に苦戦を強いられる。当時のルーマニア軍の主力戦車は、戦前の1930年代後半にチェコスロバキアから輸入した120輌余りのLT vz. 35軽戦車（後にドイツ軍に接収され、35(t)戦車と呼ばれる）であり、「RⅡ中戦車」と呼称されていた。

さて、その期待のRⅡがソ連戦車に歯が立たない事が明らかになると、ルーマニアは同盟国であるドイツに戦車の供与を打診した。しかしドイツ側の戦車生産も自軍向けの需要を満たすのが精一杯で、とても同盟国に分け与える余裕は無い。そこでルーマニア軍は戦車の国産化を目指すことになり、まず卓抜した性能を持つソ連のT-34のコピー生産という構想が浮上した。しかし検討の結果、当時のルーマニアの工業力ではコピー生産すら不可能だという結論が出る。

国産化の目論見が頓挫したルーマニア軍が次に目をつけたのは、ソ連軍からの捕獲車輌だった。参戦翌年の1942年になると、捕獲車輌がかなりの数にのぼっており、様々な検討を行った結果、その年の秋にはソ連軍の捕獲車輌を改造して対戦車自走砲を開発する計画が決定する。この計画に影響を与えたのは、ドイツ軍の対戦車自走砲マルダーⅡだった。陳腐化した戦車の車台と捕獲したソ連軍の火砲を組み合わせたマルダーⅡの活躍は、ルーマニア軍にも強い印象を与えていたのだ。

計画は技術将校のコンスタンティン・ギューライ中佐が中心となり、実作業は機械メーカーのレオニーダ製作所が担当。車輛はソ連軍のT-60軽戦車、火砲はやはりソ連軍から捕獲した76・2mm野砲M1936が選ばれる。決め手は、T-60がルーマニアでもライセンス生産され、馴染みのあるフォード系統のエンジンを搭載していた事だった。

こうしてギューライ中佐の開発チームはT-60の砲塔を撤去し、やはりソ連軍から捕獲したBT-7快速戦車の装甲板（ルーマニアの工業力では装甲板の生産も出来なかった）を切り取って作ったオープントップの戦闘室に76・2mm砲を搭載。これらの改造で重量が増加したため、サスペンションの強化とブレ

SPEC

TACAM T-60対戦車自走砲
TACAM T-60 anti-tank self propelled gun

重量	8.9t
全長	4.24m
全幅	2.35m
全高	1.75m
エンジン	GAZ 202 水冷6気筒ガソリン（80hp）×1
最大速度	40km（路上）
行動距離	200km
武装	51口径76.2mm野砲×1 7.92mm機関銃×1
最大装甲厚	35mm
乗員	3名

ーキの追加装備が行われた。

1943年1月には早くも試作車輌が完成し、6月には合計34輌が改造を終える。この車輌はルーマニア語で対戦車自走砲を意味する〝Tun Anticarcu Afret Mobil〟を略して「TACAM T-60」と呼ばれた。そして同年末には本車を装備する第61、第62自走砲中隊が編成され、ルーマニア唯一の機甲部隊である第1機甲師団に配属された。

翌44年春からソ連軍がルーマニアへの攻勢を始めるとTACAMも出撃し、北東部のトゥルグ・フルモス等で14輌が戦闘に参加。優勢なソ連軍機甲部隊をしばしば痛撃しながらも1カ月間の戦闘で半数を失った。しかし、8月から始まったソ連軍のヤッシー＝キシニョフ攻勢の最中に、戦局の悪化を憂慮して枢軸陣営からの離脱を図るルーマニア政府がソ連軍に降伏。前線にいたTACAMの部隊も後退を命じられ、10月には残存していた全ての車輌が進駐してきたソ連軍に接収される。ここにTACAMの戦歴は終わった。

TACAM T-60は、工業力の低いルーマニアが困難な状況の中で捕獲兵器を組み合わせるという奇手を使って作り上げた兵器だが、祖国防衛戦に参加して戦果もあげており、兵器としては成功作と言えるだろう。

62式軽戦車

中国が初めて独力で開発、長らく使われた国産戦車

第二次大戦後、国民党軍との内戦を勝利して中華人民共和国を建国した中国共産党の軍である人民解放軍は、大戦に敗れて降伏した日本軍から接収した九七式中戦車等の雑多な車輌で機甲部隊を創立した。建国後は同盟関係を結んだソ連からT-34中戦車を供与され、機甲兵力を増強していくが、1950年代初頭には共産党が戦車の国産化を目指す方針を決定する。以後、ソ連の協力を受けながら戦車生産の体制が徐々に整備され、1950年代半ばには当時のソ連軍のT-54/55中戦車のライセンス生産権が譲渡された。

1958年からは、中国版T-54/55である59式戦車の生産が開始され、その年の6月には人民解放軍中央軍事委員会が国産戦車の開発を決定。59式戦車の生産準備を通じて、様々な技術的ノウハウを吸収した中国の技術陣なら国産も可能であるという軍中枢の判断だった。

こうして「131型戦車(WZ-131)」というコードネームを得た国産戦車開発プロジェクトが、軍の研究機関である装甲科科学技術院と東北部の工業都市ハルビンにある第674工場を中心に開始される。この国産戦車は、当時の中国の工業力ではT-54/55級の中戦車の開発はいまだ困難という状況分析に基づき、山脈や大河や水田地帯を多く抱えて道路インフラも貧弱な中国南部での使用を想定した軽戦車として構想された。しかし、翌1959年7月まで行われた様々な案の検討から、新設計の軽戦車でも現在の中国の工業力や技術力では荷が重いという結論から、131型戦車の計画は放棄される。

そこで、131型戦車の設計を参考にしながらも、より中国の国力に見合った軽戦車として新たに「132型戦車」が構想された。59式戦車をダウンサイズした車輌を基本に、車格と重量を共に一回り小型化、装甲は210㎜から4分の1程度の50㎜に減厚した。卵型形状が特徴的な砲塔には、第二次大戦前半の中戦車レベルの76・2㎜砲を搭載する。

しかし、要となるエンジンが59式の12150型水冷式ディーゼル（520馬力）を20％ほどパワーダウンした12150L・3型となったため、重量に対して高出力となり、機動力は向上した。その反面、射撃を管制する照準器はシンプルな光学式のみのため、行進間射撃能力はなかった。

1959年秋、完成した132型戦車はハルビンでの約500㎞の走行試験で良好な性能を示し、翌1960年には量産性向上のために各部の構造を簡略化した「132A型戦車」が構想されるが、「76・2㎜砲では火力が不足」という問題が浮上。翌1961年に開発チームが協議の上で武装を85㎜砲に強化した「132B型戦車」として結実した。

試作車輌は1962年春に完成し、初夏には北京近郊での約800㎞の走行テストも成功裏に終える。その年の暮れには「62式軽戦車」として制式採用され、翌1963年の夏には想定された戦場である中国南部での走行テストもクリアした。

中国が自力で開発した初の国産戦車となった62式軽戦車は、1978年までに約1500輌が生産され、中国軍のチベットや新疆ウィグルなどの山岳部や南部の低湿地帯の部隊に配備された。また、

中国人民革命軍事博物館に展示された62式軽戦車

構造も単純で運用しやすい小型の車輌のため、設備が劣悪な途上国でも好まれ、ベトナム、北朝鮮、タンザニア、スーダン等にも輸出されている。

しかし、1979年2月に中国とベトナムの間で勃発した中越戦争で投入された際には、その貧弱な装甲がベトナム軍の対戦車兵器に痛撃され、本格的な初陣にして多くの車輌が撃破されるという結果となった。その戦訓に対応する形で、強化した装甲やレーダー照準器を装備した改良型も80年代に登場し、2013年まで中国軍で使用された。

そして、2024年現在、アジアやアフリカで約二百輌ほどの62式軽戦車がいまだ現役にあるという。

SPEC

62式軽戦車
Type 62 light tank

重量	21.0トン
全長	7.9m
全幅	2.9m
全高	2.3m
エンジン	12150L-3 V型12気筒 水冷ディーゼル(430hp)
最高速度	60km/h(整地)
行動距離	500km
武装	62式 54口径 85mmライフル砲×1 12.7mm機関銃×1 7.62mm機関銃×1
最大装甲厚	50mm
乗員	4名

陸上兵器・航空機の用語

[陸上兵器の用語]

インチ【inch】 ヤード・ポンド法における長さの単位。1インチは2.5センチメートル。

きかんじゅう【機関銃】 弾丸を高速で連射する火器。一般的には口径20m未満を機関銃、20㎜以上を機関砲と呼ぶ場合が多い。ドイツ軍では口径30㎜以上、日本陸軍では12.7㎜以上を機関砲と呼び、日本海軍では口径40㎜までを機銃と呼称した。

こうけい【口径】 銃砲の砲（銃）身内径を指す言葉だが、砲身長の単位としても使われる。砲身長の場合は数値が口径（砲の内径）の何倍かを表し、例えば日本海軍の40口径12.7mm高角砲なら、12.7㎝×40=508m（5.88m）となる。一般にこの数値が大きい（砲身が長い）と、初速は速く、射程距離も長くなる。

サスペンション【suspension】 車輪と車体部分をつないで地面からの衝撃や振動を吸収する装置。懸架装置ともいう。コイルスプリング式（螺旋バネ式）、リーフスプリング式（板バネ式）、シーソー式、トーションバー式（棒バネ式）などがある。

しょそく【初速】 弾丸が砲（銃）口から発射される瞬間の速度。一般的に、この数値が大きい方が装甲貫徹力は大きくなる。

しんらいせい【信頼性】 兵器が故障や性能低下をせずに稼働できる性質。

そうきしき【装軌式】 車輌の走行装置に無限軌道（履帯、キャタピラ）を装備すること。タイヤを装備する装輪式より不整地踏破能力が高いが、高コストで故障も発生しやすい。

へいたん【兵站】 戦場の後方で、食糧、燃料、弾薬、兵器などの補給、輸送、整備をすること。あるいはそれに携わる機関や部隊、基地などのこと。これを軽視すると前線の戦闘部隊に物資が届かず、戦わずして負けることになる。

れんそう【連装】 1基の砲塔や砲架などに、2つの砲や銃を装備すること。3つの場合は三連装、4つの場合は四連装となる。

[航空機の用語]

えきれい えんじん【液冷エンジン】 冷却液を循環させて冷却するエンジン。前面投影面積を小さくできるため、空冷よりも高速機に適しているが、空冷に比べると被弾に弱い、故障しやすいなどの欠点もある。

ガルよく【ガル翼】 主翼が付け根からいったん斜め上向きに伸び、途中から折れ曲がった形状。「ガル」はカモメの意。これとは上下逆の主翼を逆ガル翼という。

かんじょうき【艦上機】 日本海軍における、空母で運用できる航空機の呼称。空母以外の艦船に搭載される航空機は「艦載機」と呼ばれた。

きゅうこうかばくげき【急降下爆撃】 目標の直上から急降下し、垂直に近い角度から爆弾を投下する爆撃法。命中精度に優れるが、引き起こしの際に高い重力加速度を伴うため、機体や搭乗員にかかる負荷も大きい。

くうれいえんじん【空冷エンジン】 放熱板に空気をあてて冷却するエンジン。液冷に比べて被弾に強く、故障も少ないが、前面投影面積が大きいため空気抵抗も大きく、高高度性能もやや劣る。

こていきゃく【固定脚】 降着装置（主脚）が飛行中も固定されたままで、機内に収納されない形式。引込式よりも空気抵抗は大きくなるが、強度や重量面では有利な点もある。

スラット【slat】 主翼前縁に設けられる高揚力装置。迎角が大きくなると主翼との間に隙間を作り、揚力を増大させる。

フラップ【flap】 離着陸時などの低速時に使用される、揚力を高めるための装置（高揚力装置）で、通常は主翼後縁の内側に配置される。

モーターカノン【motor cannon】 機関銃（砲）を液冷エンジンのシリンダーの間に配置し、銃（砲）身は中空のプロペラ軸内に通して、プロペラ軸内から発射する形式の機関銃（砲）。軸内機関銃（砲）とも。

※ミニ用語集②は206ページにあります

第二章

艦艇

筑波(つくば)型巡洋戦艦

戦艦並みの砲力を持つ日本初の巡洋戦艦

日露戦争で「初瀬(はつせ)」「八島(やしま)」の2隻の戦艦を失った日本海軍は、早急に戦力の立て直しをはかるべく、明治37年（1904年）度臨時軍事費によって装甲巡洋艦2隻の建造を決定する。

大型艦としては初の国産となる両艦であったが、一番艦は起工後2年で完成、二番艦は一番艦の起工の3カ月後に起工し、両艦とも正味2年半で完成させるという厳しい条件が課されていた。さらに建造を担当する呉(くれ)工廠に対しては「その可能、不可能にかかわらず必ず完成させよ」との厳命が下されており、「初瀬」「八島」の喪失がいかに当時の海軍部内を震撼させた事態であったかが判る。

船体は凌波性向上のためラム（衝角）を廃してクリッパー型艦首とし、さらに主力艦としては初採用となる船首楼型となっていた。日露戦争の戦訓を採り入れて上部構造物を簡素化し、水中爆発に対する弾火薬庫の防御を重視して艦内防御構造の見直しが図られているが、特に前者は戦時急造における工程の簡易化にもつながっている。

主砲は当時の戦艦の標準口径である12インチ（30・5㎝）砲を連装2基装備しており、戦艦と同等の砲力を有する装甲巡洋艦という点で世界初の試みであった。副砲には竣工時に6インチ（15・24㎝）単装砲を両舷12門装備していたが、中甲板に装備していた8門は水密の点から問題があり、後に中甲板配置を廃して各舷3門ずつの上甲板装備に変更され、計10門の装備となっている。また計画時には45・7㎝水中魚雷発射管を5門装備する予定だったが、弾火薬庫スペース確保のため竣工時3門の装備に留められている。

大正元年（1912年）に巡洋戦艦に
類別変更された後の「筑波」

機関は重油／石炭混焼缶と三段膨張式レシプロ機関の組み合わせであり、前述のクリッパー型艦首と船首楼型の恩恵もあって最大速力20・5ノットを発揮することができた。これは計画時の世界の装甲巡洋艦を見渡しても標準的な速力であり、「戦艦並の砲力を有する装甲巡洋艦」として日本海軍が同級にかける期待は非常に大きかった。

一番艦「筑波」は明治38年（1905年）1月に起工、計画通り丁度2年後の明治40年（1907年）1月に竣工した。それまで巡洋艦「橋立」よりも大型の艦を作っ

SPEC

筑波型巡洋戦艦
Tsukuba class Battlecruiser

常備排水量	13,750トン
全長	137.1m
最大幅	22.8m
吃水	7.95m
主機/軸数	直立型4気筒3段膨張式 レシプロ蒸気機関2基/2軸
主缶	宮原式水管缶（石炭・重油混焼） 20基
出力	20,500hp
速力	20.5ノット
兵装	45口径30.5cm連装砲2基、45口径15.2cm単装砲12門、45口径12cm単装砲12門、40口径7.6cm単装砲4門、短7.6cm単装砲2門、45cm水中魚雷発射管3門
乗員	879名

たことが無く、小型巡洋艦「対馬」の建造にも約2年半の工期がかかった呉工廠が、1万3000トン超の大型艦をわずか2年で建造できたことは日本造船史に残る偉業といえるだろう。

だが明治41年（1908年）、英海軍において30・5cm連装砲4基をもち、機関に蒸気タービンを採用した画期的な装甲巡洋艦（巡洋戦艦）「インヴィンシブル」が登場し、筑波型は竣工からわずか3年で旧式艦の烙印を捺されることとなってしまう。しかし当時の日本海軍にとっては依然として筑波型が貴重な水上戦力であることに間違いはなく、大正元年（1912年）には艦種類別の変更により一等巡洋艦（装甲巡洋艦）から巡洋戦艦に類別されることになり、筑波型は日本初の巡洋戦艦として歴史に刻まれる艦型となったのである。

2隻はともに第一次大戦の太平洋における諸作戦に参加し、一番艦「筑波」は西太平洋、二番艦「生駒（いこま）」は南太平洋を中心に船団護衛や哨戒など各種任務に就いた。その最中の大正6年（1917年）1月16日、横須賀港外において「筑波」は前部火薬庫の爆発により沈没、乗員305名が死亡する悲運に見舞われる。

一方「生駒」は無事に第一次大戦を生き抜いたが、その後のワシントン条約締結により廃艦が決定され、前部砲塔のみ陸揚げされて房総半島の洲崎（すのさき）第一砲台に転用されている。

2番艦「生駒」

水上機母艦「瑞穂(みずほ)」

ディーゼルエンジンの不調に悩まされた水上機母艦

ワシントン・ロンドン両条約の締結により航空母艦の増勢が不可能となった日本海軍だったが、満州事変や上海事変において水上機母艦「能登呂(のとろ)」より発進した搭載機が一定の成果を挙げたことから、より大型の艦隊型水上機母艦を整備することで艦隊航空兵力の拡充を図る方針が打ち出される。

そして同時期に特殊潜航艇(甲標的)の開発にも成功していたことから、戦時には短期間の改装で甲標的の運用能力も持たせることができ、加えて艦隊随伴の高速給油艦としての能力もあり、さらに軍令部からは必要に応じて航空母艦への改装も可とすべしという要求も出されるという、きわめて複雑な経緯のもとで計画されたのが昭和8年(1933年)の第二次補充計画(㈡計画)で誕生した3隻の水上機母艦である。その内2隻は水上機母艦・甲として建造された千歳(ちとせ)型であり、残る1隻が水上機母艦・乙となる「瑞穂」だった。この3隻は同じ計画要領で建造された準同型艦であり、全長や全幅、航空艤装などの要目に大きく異なる点は無い。

「瑞穂」と千歳型の最大の相違点は、千歳型では機関がディーゼルと蒸気タービンの併用であったのに対して、「瑞穂」ではディーゼルのみの単一機関となった点にある。また千歳型や潜水母艦「大鯨」で採用されたものよりも気筒数を減らした11号8型ディーゼル4基の装備となり、計画速力も千歳型より遅い22ノットに抑えられていた。蒸気缶の煙突が省略されたことで艦内容積に若干の余裕が生まれ、士官居住区や格納庫などが改良されて補用機も千歳型より4機増加している。

だが、機関をディーゼルエンジンに統一したことは本艦の運用に深刻な影響を与えるに至る。ドイツ装甲艦「ドイッチュラント」に範をとり、後の大和型戦艦への搭載も見越して採用された大型艦用ディーゼルエンジンだったが、十分な試験を行わないまま搭載されたために故障が頻発したのである。千歳型の場合は蒸気タービン機関に切り替えることで運用上は特に問題がなかったが、全ディーゼル機関であった「瑞穂」は昭和14年（1939年）2月25日の竣工時から回転数に制限がかけられ、計画速力を大きく下回る最大17ノットしか発揮できなかったのである。

その状態のまま支那方面艦隊の一艦として活動した「瑞穂」だったが、竣工から1年後の昭和15年（1940年）2月には早くも機関の修理と改良のために入渠。艦尾に航行時でも水上機を揚収できるハイン式マットが追加装備されたが、一方で機関については全速22ノットの発揮が可能になったものの抜本的な信頼性回復には至らず、その後も機関の信頼性不足は本艦の大きな足枷であり続けた。

太平洋戦争の開戦をパラオで迎えた「瑞穂」は、フィリピン攻略戦、蘭印攻略戦にそれぞれ参加。昭和17年（1942年）4月に横須賀で機関の改造を行ってようやく満足のゆく性能を得たものの、出渠後に艦隊泊地である柱島へ移動中の5月2日、

菊花紋章が見える前方のアングルから撮影した昭和14年の「瑞穂」

水上機母艦「瑞穂」

御前崎の南南西40浬海上において米潜水艦「ドラム」の雷撃により撃沈された。これは太平洋戦争における、駆逐艦や海防艦などを含まない、菊花紋章を持つ狭義の「軍艦」喪失第一号として記録されている。

なお、竣工から喪失まで一貫して水上機母艦として活動した「瑞穂」だったが、千歳型と同じく開戦前に甲標的の運用能力を持たせる改装を受けたかは不明のまま。しかし多くの傍証により、現在では「瑞穂」に甲標的運用能力は備えられていなかったとする説が大勢を占めている。

SPEC

水上機母艦「瑞穂」(1939年竣工時)

Seaplane carrier IJN Mizuho

基準排水量	10,929トン
全長	192.5m
最大幅	18.8m
吃水	7.08m
主機/軸数	艦本式11号8型ディーゼルエンジン4基/2軸
出力	15,200hp
速力	22ノット
航続距離	16ノットで8,000浬(計画)
兵装	40口径12.7cm連装高角砲3基、25mm連装機銃10基
搭載機	常用24機+補用8機
乗員	692名

潜補型(伊三五一型)

大型飛行艇の中継補給を構想した潜水型補給艦

従来より、西太平洋へ進攻してきた米艦隊に対する艦隊決戦を構想していた日本海軍は、その大前提として「いかにハワイや米本土の根拠地から米艦隊の出撃を促すか」についても検討していた。当初はフィリピンやグアム島を攻略して米国民の好戦的世論を惹起することが考えられていたが、後に国産航空機の高性能化によって、直接根拠地を空襲し出撃を強要することが具体性を帯びて語られるようになっていく。

昭和11年(1936年)に海軍大学校でまとめられた「対米作戦用兵に関する研究」という文書では、空母艦上機によるハワイ空襲と共にマーシャル諸島から出撃した大型飛行艇(大艇)によるゲリラ的空襲を行うことが検討されており、後者については途中で中継補給する水上機母艦の配備が必須と考えられていた。この構想に基づいて水上艦艇で具体化したものが飛行艇母艦「秋津洲」であり、一方で隠密性を重視した潜水艦として考えられたのが潜補型である。

当初案では航続力が水上14ノット8000浬、航空ガソリン700キロリットルの搭載が考えられていたが、開戦後の計画変更によりガソリン搭載量を500キロリットルに減ずる代わり、航続力が水上14ノット1万2000浬へと大幅に増加されている。これは地球半周以上に達するほどの航続力であり、それだけ出港から長期間にわたる行動を考慮されていたことが分かる。

前線航空基地への隠密補給用として使われることも考慮され、ガソリン以外にも500kg爆弾108発もしくは九一式航空魚雷25本、20mm機銃弾2万4300発、7・7mm機銃弾9万発の搭載が可能。さらに、

伊三五一の艦橋部

補給用の糧食庫や航空機搭乗員用の居住区画も備えられていた。

その分、船体が潜水艦としてはきわめて大型となり、当時これを上回るのは潜特型（伊四〇〇型）以外に無い。また、低出力な艦本式22号ディーゼル機関のため、水上での最高速力はわずか15ノット程度に過ぎなかった。自衛用に魚雷発射管を4門備えていたが、基本的には魚雷の搭載本数も4本のみであり、さらに追加で予備魚雷4本を積み込むには12トン分の搭載物を降ろさねばならなかったという。

SPEC

潜補型（伊三五一/竣工時）
Senho type(I-351 class)submarine

基準排水量	2,650トン
全長	111m
最大幅	10.15m
吃水	6.14m
主機/軸数	艦本式22号10型 ディーゼル2基/2軸
出力	3,700hp（水上） 1,200hp（水中）
速力	15.8ノット（水上） 6.3ノット（水中）
航続距離	14ノットで13,000浬（水上） 3ノットで100浬（水中）
兵装	53cm魚雷発射管4門、8cm連装迫撃砲2基、25mm三連装機銃1基、25mm連装2基、25mm単装1基
乗員	77名

潜補型は昭和16年（1941年）の計画で3隻、ならびに昭和17年から開始予定の計画で3隻の、計6隻の建造が予定されていた。しかし、戦局の悪化により計画が空母の緊急増勢計画である改計画となり、それに伴って予定されていた3隻の建造が取り止めとなってしまった。起工したのは計画3隻のうち2隻に過ぎず、また度重なる計画変更により建造が遅れに遅れ、一番艦の伊三五一が竣工したのは終戦の年である昭和20年（1945年）1月28日のことであった。

この時点で大型飛行艇による根拠地空襲はもはや現実味がなく、伊三五一はシンガポール～日本間のガソリン輸送に投入された。5月1日に呉を発した伊三五一は、二週間後の5月15日にシンガポールに到着。ガソリンを満載して帰路につき、6月3日に佐世保に到着して1回目の輸送を無事成功している。早くも同月22日に2回目の輸送に出発したが、その帰路の7月14日、大型潜水艦がシンガポールを出港したとの情報により待ち伏せていた米潜「ブルーフィッシュ」の雷撃を受け、北緯05度44分、東経110度06分の南シナ海で撃沈された。

二番艦の伊三五二は同年4月23日に呉海軍工廠で進水し艤装工事中であったが、6月22日の空襲で直撃弾を受けて沈没・放置され、昭和23年（1948年）に浮揚解体されている。

伊三五二（昭和23年1月23日撮影）

伏見(ふしみ)型砲艦

戦後の中国でも使われた日本海軍最後の河用砲艦

日清戦争以降、列強各国は情勢が不透明な中国沿岸部や揚子江流域へ多数の砲艦を送り込んだ。これらの砲艦には、実質的な戦闘力よりも国威発揚のための「動く領事館」としての能力が求められ、概して高い指揮通信能力と賓客を遇する簡易的な貴賓設備を有していた。日本海軍の場合、砲艦は格式を重視して軍艦扱いで、艦首には菊の紋章を持ち、また艦長には大佐に昇進目前の中佐が充てられることとなっていた。

砲艦のうち河川だけを活動の場とするものを河用砲艦というが、揚子江流域へ送られた砲艦は渇水期の揚子江上流域や江湖も航行できるよう吃水が極めて浅く、また乾舷も低く造られていた。それに加えて揚子江には途中に「三峡」という急流域があり、ここからさらに上流の四川盆地までを活動域とするには、最高14ノットという流速に抗せるだけの高い機関出力が必要だった。明治36年（1903年）完成の「宇治」以降、日本海軍はこうした河用砲艦の系譜を脈々と受け継いできたが、このうち昭和12年（1923年）度成立の第三次海軍軍備補充計画（㊂計画）で建造された日本海軍最後の河用砲艦が伏見型である。

折からの大陸情勢の悪化を反映して従来型よりも防御力の向上が図られた本型では、射距離200mから発射された小銃弾への防御を見越して、羅針艦橋周辺に厚さ5㎜、天蓋に4㎜の不感磁性鋼板を張り、さらに中央水線部に5㎜のDS板が装備されている。また遡江(そこう)作戦の際に旗艦を務めるため、最初から司令部設備を含めるかたちで設計が進められた。

兵装は短8センチ（㎝）高角砲1門、25㎜連装機銃1基だったが、太平洋戦争の開戦後に漸次機銃の増備が行われ、また短8センチ高角砲も40口径8㎝高角砲に換装された。さらに揚子江流域では国府軍により機雷が敷設されていた例もあるため、その戦訓から従来型には無かった掃海具が搭載されている。

伏見型の機関は日本の河用砲艦としては唯一となる重油専焼タービンとなっている。タービン装備となった理由は不明だが、レシプロ機関で問題となった大きな振動や整備性の悪さを避けるためという説があり、これにともない煙突も集合一本煙突となった。

艦形は前型の熱海（あたみ）型を踏襲したものだが、従来の角型の艦尾では高速航行時の航跡波が大きくなって沿岸のボートや船舶に悪影響を及ぼすため、艦尾形状を丸くすぼめて波の発生を抑えるよう配慮されている。舵は小回りを利かせるため3枚装備となっていたが、同じく航跡波を抑えるために艦尾端より後方に突出しないように配置された。

伏見型砲艦の2隻は、いずれも大阪の藤永田（ふじながた）造船所で建造された。2隻は自力で上海まで回航されたが、1番艦「伏見」は艦尾形状が不適でスクリューに空気を巻き込み後進がかけられず、途中で呉に立ち寄って艦尾形状の改正が行われた。つづく2番艦「隅田」はこの改正を最初から反映したかたちで完成したが、吃水が浅く、また乾舷も低い河用砲艦で波の高い東シナ海を渡るのは相当な苦労があったようだ。

伏見型砲艦2番艦の「隅田」

大阪湾で撮影された伏見型砲艦「伏見」

2隻はいずれも第一遣支艦隊に所属し、揚子江流域で警備、哨戒、支援、輸送など各種の任務にあたった。しかし三峡を越えた上流域への遡江作戦はついに行われることはなく、「伏見」は安慶にて空襲により着底状態、「隅田」は小破のまま上海周辺で係留されていたところで、それぞれ終戦を迎えた。

戦後はともに国府軍に接収され、それぞれ「江鳳（チャンフェン）」「江犀（チャンシ）」となったが、国共内戦のさなかに両艦とも共産軍の手に落ち、1960年代まで揚子江流域で警備艦として現役にあったといわれる。

SPEC

伏見型砲艦（竣工時）
Fushimi Class Gunboat

基準排水量	304トン
全長	50.3m
最大幅	9.8m
喫水	1.20m
主缶	ホ号艦本式専焼缶2基
主機/軸数	艦本式タービン2基/2軸
出力	2,200hp
速力	17.0ノット
航続距離	14ノットで1,400浬
兵装	短8センチ単装高角砲1門、25mm連装機銃1基
乗員	61名

日本海軍の哨戒艇

老齢駆逐艦を改装し、後に上陸用舟艇母艦も兼ねた

哨戒艇とは、一般には主に沿海域を舞台として哨戒や警備を行う小型の艦艇を指すが、日本海軍においては同様の任務にあたる艦艇として海防艦や駆潜艇があり、哨戒艇は旧式駆逐艦を改装して同じく近海での哨戒および警備任務にあたらせることを目的とした艦艇を指す。

昭和6年（1931年）、日本海軍はロンドン条約締結に伴う研究において、艦隊決戦用の主力艦艇とは別に沿岸防備用の兵力を整備する必要を認め、それを条約制限外となる小艦艇を多数揃えることで補うという方向性を打ち出した。しかし折からの大恐慌によって、その全てを新造艦でまかなうには予算的に無理があり、とりあえずは艦齢を超過した駆逐艦を改装して基幹兵力とする方針を決定する。

昭和14年（1939年）、軍令部は峯風型駆逐艦「島風」「灘風（なだかぜ）」の2隻、二等駆逐艦（樅（もみ）型および若竹型）10隻の哨戒艇への改装を計画。峯風型の2隻については第一号型哨戒艇としてボイラーを半減した上で、二番主砲、一番および三番魚雷発射管を撤去した。二等駆逐艦10隻は第三十一号型哨戒艇として、二番主砲および全ての雷装を撤去するという改装を施した。昭和15年（1940年）には特務艦艇類別等級を改訂し、初めて「哨戒艇」の項目が設けられている。

そして昭和16年（1941年）、対英米開戦が目前に迫るなか、哨戒艇として改装された全12隻のうち10隻について艦尾に大発泛水用のスロープを設け、上甲板に陸戦隊の居住区を設ける再度の改装を受けている。

峯風型駆逐艦「島風」。後に「第一号哨戒艇」に改装されることになる

それまで海軍は揚陸艦艇の配備にあまり熱心ではなかったが、開戦に際しては太平洋に点在する島嶼拠点を海軍が独力で攻略しなければならない局面が予想され、陸戦隊の強襲上陸に対応する艦艇として哨戒艇に白羽の矢が立ったのである。各型の改装要諦は、第一号型哨戒艇は雷装の全廃と四番主砲の撤去、艦尾スロープ上に大発2隻を搭載。第三十一号型哨戒艇では二番主砲の復帰と三番主砲の撤去、艦尾スロープ上に大発1隻を搭載した。

SPEC

第一号型哨戒艇（1941年時）
No.1-class patrol boat

基準排水量	1,270トン
全長	102.57m
最大幅	8.92m
吃水	2.9m
主機/軸数	艦本式ロ号水管缶2基、パーソンズ式オールギヤードタービン2基/2軸
出力	19,250hp
速力	22ノット
兵装	45口径三年式12cm砲2門、25mm連装機銃1基（推定）、爆雷18発（大発未搭載時は60発）、大発2隻
乗員	140名（その他、陸戦隊員250名）

こうして警備艦兼上陸用舟艇母艦となった哨戒艇は、太平洋戦争の緒戦から各地の攻略作戦に従事する。中でも有名な戦いが開戦直後の昭和16年12月23日に行われたウェーク島攻略作戦で、同作戦には第三十二号、第三十三号の2隻が参加。海況が悪く大発の泛水には失敗するものの、艇自体を海岸に擱座させて陸戦隊を強行揚陸し、後に山本五十六聯合艦隊司令長官から感状が授与されている。

第一段作戦が一応の終了をみた昭和17年（1942年）末からは揚陸戦に投入されることもなくなり、各哨戒艇は大発スロープを爆雷投下軌条として活用しつつ船団護衛任務にあたった。しかし戦局が徐々に悪化していく中で敵潜水艦の攻撃や空襲によって次々と失われていき、終戦時点で残存していたのは第三十六号哨戒艇ただ1隻のみであった。

旧式駆逐艦のリサイクル案として誕生し、後に大発の泛水設備を与えられて多用途艦に生まれ変わった哨戒艇は、日本海軍の実情に沿った非常に使い勝手の良い艦であった。元来が駆逐艦だっただけに航洋性や航続力の点で優れており、船団護衛に用いるには小型に過ぎる駆潜艇よりも遙かに適していたのである。

また、ある程度の戦闘力を持たせながら艦尾に大発泛水用のスロープを設けるアイデアは、敵の制海空権下における強行輸送に用いるのにも適しており、後に睦月型駆逐艦、神風型駆逐艦の一部の艦にも同様の改装が行われ、さらに最初からスロープを設ける形で設計された第一号型輸送艦（一等輸送艦）が誕生する契機となっている。

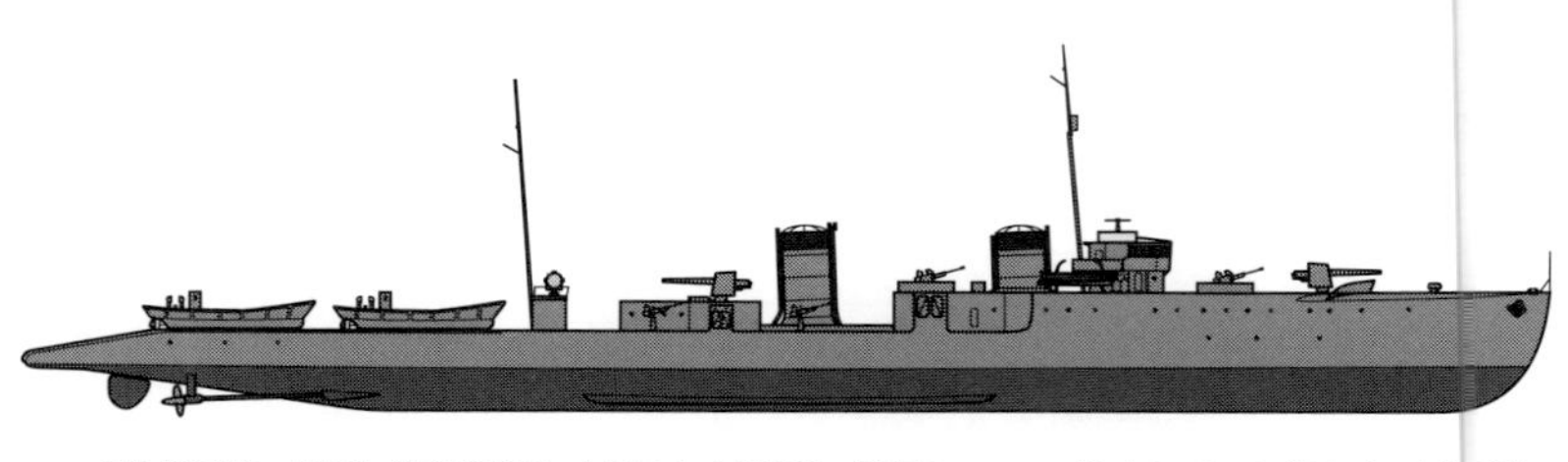
哨戒艇第一号型。後部甲板に大発2隻を搭載し、艦尾にスロープを有している（図／田村紀雄）

特TL型

空母不足を補うべく陸・海軍が建造した商船空母

太平洋戦争の開戦後、南方占領地と日本本土を結ぶ資源輸送船団は潜水艦や航空機の攻撃にさらされ、日増しにその損害が増加しつつあった。本来なら、これら輸送船団の安全な通航を守るべきは海軍の領分であったが、護衛艦艇の不足と海上護衛に対する無理解が重なり、その損害を食い止めるには至っていなかった。

そこで昭和18年（1943年）、陸軍は一つのアイデアとして、商船の上部構造に飛行甲板を設ける改造を施して船団護衛用の小型空母とし、輸送と上空直援を兼ねさせるプランを提案する。当初は陸上機による哨戒の方が効果も高いとして反対した海軍であったが、戦局悪化による空母不足に直面してこれらを艦隊用の特設空母として運用することも考慮した結果、最終的には陸軍の提案に同意。こうして建造されたのが特TL型と呼ばれる商船空母である。

昭和16年（1941年）より建造が開始された戦時標準船のうち、大型タンカーであるTL型を母体として改設計が進められたが、あくまで建造は民間船として行い、完成後は航空機の要員を除く船員をすべて民間人で構成することが考えられていた。この点イギリスのMACシップ（109ページに掲載）と同様の構想と言え、またタンカーが母体に選ばれたのも、MACシップの例から考えて荷役のための船倉ハッチを必要としない点が影響したものと考えられる。

原型となった戦時標準船には計画時期によって4つの異なるタイプが存在し、そのため特TL型もベースの分類に合わせて特1TL型、特2TL型……等に分けられる。このうち最初の特1TL型は原設計の戦時簡略化が比較的少なく、最高速力18・5ノットを発揮可能であったために、艦隊空母としての運用も目論む海軍の配当船となった。一方、原設計の簡略化が進み航海性能が悪化した特2TL型だったが、輸送船団の護衛用としては必要充分の性能であったために、こちらは陸軍の配当船となっている。

兵装については海軍は対空兵装を、陸軍は対潜兵装を重視する傾向にあったが、航空艤装についてはいずれも全通甲板下に1層の格納庫を設け、エレベーター1基を装備。搭載機は海軍では九三式中間練習機、陸軍では三式連絡機を、それぞれ10機程度搭載することが考えられていた。

特TL型は陸海軍双方の配当船として多数の建造が目されていたが、何分にも建造開始が昭和19年（1944年）以降と遅く、また戦局悪化による資材不足によって建造が思うに任せず、実際に起工されたのはその内の5隻に過ぎない。さらには曲がりなりにも竣工を果たしたのは特1TL型で1隻、特2TL型で1隻の計2隻のみで、残る3隻は未成状態のまま放置され、戦後に通常のタンカーとして再改造を受け就役したものもある。

特1TL型「しまね丸」は、昭和20年（1945年）2月29日に石原汽船所属として竣工。3月17日に米艦載機の攻撃を受けて損傷したため、実際に任務につくことなく香川県の志度湾に対空偽装を施した上で係留された。7月24日、英艦載機隊の攻撃により爆弾3

東京湾で大破着底状態の特2TL型「山汐丸」

香川県志度湾に擱座した
特1TL型「しまね丸」

発、ロケット弾多数を受けて大破着底。戦後に海中から引き揚げられた無線マストが、現在も高松市の四国村に保存されている。

また同年1月25日に山下汽船所属として完成した特2TL型「山汐丸」は、南方航路の途絶によりタンカー兼護衛空母としての使用を諦め、石炭焚きの貨物船へと再改造が決定された。しかし入渠準備中の2月16日から17日にかけて、米艦載機の攻撃により大破着底。戦後は船体のみが岸壁として活用された他、2008年に発見された錨がみなとみらいセンタービル横に展示されている。

SPEC

特1TL型「しまね丸」
Shimane-Maru

基準排水量	11,800トン
全長	160.5m
最大幅	22.8m
喫水	9.1m
主機/軸数	重油専焼缶（型式不明）2基、蒸気タービン（型式不明）1基/1軸
出力	8,500hp
速力	18.5ノット
航続距離	14ノットで10,000浬または5,600km
兵装	12cm単装高角砲2門、25mm三連装機銃9基、25mm単装機銃25基、爆雷投射機1基、爆雷16発
搭載機	12機
乗員	600～800名

UボートXXI型

流線型の船体を持つ世界初の実用水中高速潜水艦

過酸化水素と触媒の反応で発生した酸素を用いて燃焼を行う「ヴァルター機関」は、高い推進力を発揮できる一方で外部から酸素を供給する必要がないため、特に潜水艦の動力源としては打ってつけと言えた。1937年よりヴァルター機関を搭載した潜水艦（Uボート）の研究を開始したドイツ海軍は、実験艦V80を経て、第二次大戦勃発後の1942年に小型潜水艦XVII型を完成させる。さらに従来型の巡洋潜水艦を代替するため、より大型で高速のXVIII型の設計を開始するが、その戦列化は早くとも1946年頃になると見越されていた。

この間、連合軍側の対潜能力の向上によってVII型、IX型といった従来型潜水艦は性能不足が目立つようになり、その能力向上が焦眉の急となっていた。そこで窮余の策として、過酸化水素タンクを装備するため大容積の船殻を持つXVIII型の設計を流用し、そこに大量の蓄電池と新開発の電動機を搭載した水中高速型潜水艦、XXI型の整備が決定される。

水中高速力を得るため全体的に流線型を採用した本級の船型は、水上航行を意識した従来型とは一線を画していた。さらなる水中抵抗の減少のため、従来型では甲板上に装備されていた備砲も本級では装備されず、セイルに20㎜連装機関銃とＦｕＭｏ-61対空レーダーが引き込み式で装備されている。これらにより本級の最大水中速力は、従来型の約2倍以上となる17・5ノットに達した。

2本の円筒を上下に重ねたような本級の複郭構造はその容積に大きな余裕があり、従来型のVII型、IX型

※文中のローマ数字はそれぞれ、VII＝7、IX＝9、XVII＝17、XVIII＝18、XXI＝21。

戦後の1948年、アメリカ海軍の試験に供されるUボートXXI型のうちの1隻、U-3008

に比べて約3倍となる計372個もの蓄電池を搭載していた。それにより水中航続力は全速で1時間、経済速力となる6ノットでは48時間もの無充電行動を可能としており、その卓越した性能から「エレクトロボート」との異名も与えられている。また、艦内容積の増大によって兵員室が初めて魚雷発射管室から独立した他、シャワーの装備やトイレの増設、冷凍冷蔵庫の大型化など、居住性の大幅な改善も図られていた。

魚雷発射管は6門すべてが艦前方に装備されてお

SPEC

UボートXXI型

Type XXI submarine (U-Boat)

基準排水量	1,621トン
水中排水量	1,819トン
吃水	6.3m
全長	76.7m
最大幅	6.6m
主機/軸数	MAN M6V40/46ディーゼル2基/2軸
軸馬力	水上4,400hp/水中5,000hp
速力	水上15.7ノット/水中17.2ノット
航続距離	12ノットで11,500浬(水上) 6ノットで285浬(水中)
安全潜航深度	225m
兵装	53.3cm魚雷発射管6門、魚雷23本、20mm連装機関銃2基
乗員	57名

り、油圧式の半自動装填装置により約10分で全門の再装填が可能となっている。また射撃指揮装置についても、潜望鏡を用いた観測を一切必要とせず、ソナーからの情報だけで発射諸元を解析できる新型が装備された。ソナーはバルコン型パッシブ・ソナーを搭載しており、従来は死角であった後方を含むほぼ全周を聴音可能であった。

本艦の建造では徹底したブロック工法が採用され、国内32カ所で製作された各部を11カ所の造船所に集約して艤装を施し、さらに3カ所の造船所で最終組み立てを実施するようになっている。これによりトン当たりのマンアワーがⅦ型の約6割に抑えられており、1944年5月の1番艦竣工から終戦までに120隻もの大量建造を実現できた。これは資材不足と熟練工の不足に見舞われていた大戦末期のドイツとしては驚異的な数字といえるだろう。

こうして第二次大戦最良の潜水艦として誕生したXXI型であったが、新型装備で頻発する初期不良への対応に時間を取られ、さらに乗員の訓練不足と燃料不足が重なった結果、実際に出撃を果たしたのはわずか数隻にすぎない。

戦後、本級を接収した戦勝各国はその先進的な技術に驚嘆し、米海軍をして「もしも多数が就役を果たしていたなら、大西洋の趨勢は由々しき事態になっていたであろう」との評価が下されたという。特に水中行動力を重視した設計思想はその後の潜水艦設計に大きな影響を与えており、まさに世界の潜水艦史に大きな一歩を記した艦となったのである。

Uボート XXVII型〝ヘヒト〟〝ゼーフント〟

大戦末期に8隻を撃沈した小型のUボート

小型潜水艇などの特殊装備を用いて各種の工作任務を行うコマンド部隊は各国に存在したが、ドイツ海軍でこの種の部隊が創設されるのは遅かった。これには艦隊整備を優先するドイツ海軍の戦前の方針が影響していたが、1943年1月に海軍総司令官となったカール・デーニッツはサン＝ナゼール強襲をはじめとするイギリス海軍コマンドの活動を知りその有用性を認め、ドイツ海軍初のコマンド部隊である小型戦闘部隊（Kleinkampfverbanden：K部隊）の創設と特殊装備の研究開発が進められることになる。

このうち小型潜水艇については、日本海軍の特殊潜航艇「甲標的」を参考とするべく駐日武官を通じて日本側に打診したが、日本海軍は甲標的の情報開示を拒否。再三に渡る要求にも日本海軍の態度は崩れず、ドイツ海軍は小型潜水艇の開発について方針転換せざるを得なかった。

そんな折の1943年9月、アルタフィヨルドに停泊中の戦艦「ティルピッツ」が英海軍コマンドに襲撃される事件が発生。彼らが用いたX型潜航艇を引き揚げて調査が行われ、得られた技術情報をもとに2人乗りの小型潜水艇として開発されたのがUボートXXVII型である。

XXVII型には大別してA型「ヘヒト」とB型「ゼーフント」の2タイプがあり、最初の生産型であるヘヒトは基になったX型潜航艇と同じく魚雷を携行せず、爆発物を目標の底部に設置する専用艇として設計された。

推進器は12馬力の魚雷用モーターを用いていたが、基本的に潜航のみを想定していたため発電機は装備

※文中のローマ数字はそれぞれ、X＝10、XXVII＝27。

されず、航続距離は4ノットで69浬程度しかない。艇体にはバラストタンクがなく、艇内の錘（おもり）を前後させることでトリムを取るようになっていた。

当初は潜航舵の装備すら見送られており、後に小さな水中翼が前方両側に追加されたが、それでも水中での運動性は極めて低かった。さらには沿岸防衛用として魚雷装備も要求に追加された結果、ヘヒトの航海能力は劣悪という他はない性能となってしまう。そのため全53隻のヘヒトが建造されたが、専ら潜航艇乗員の訓練艇として用いられた。

次型のゼーフントは最初から沿岸防衛用として要求され、ヘヒト試験艇の不成績を反映した改良型として設計された。潜航のみを想定していたヘヒトが魚雷様の艇体をしていたのに対し、ある程度の洋上進出能力が求められたゼーフントは艇体をボート状に成型しており、水上航走時の凌波性を向上させている。ヘヒトよりも大型の艇体にはバラストタンクが装備され、船尾近くにある潜航舵との組み合わせにより水中での運動性も良好であった。

ゼーフントの推進器は航続力確保のため水上用のディーゼルエンジンと水中用の電動モーターを使い分けるようになっており、またスクリューは浅海域での保護と推進効率の向上のため円形の覆いに囲まれている。兵装は通常、艇下部に魚雷2本を装備するが、魚雷の代わりに機雷や輸送用コンテナを懸吊して各種の任務に対応できた。

1945年初頭より実戦投入されたゼーフントは、主にドイツ沿海

1945年撮影の捕獲されたUボートXXVII型ゼーフント

ブレストのフランス国立海軍博物館で屋外展示されているUボートＸＸⅦ型ゼーフント(S622号艇)。艇体下面に53.3㎝魚雷を装備している

部やドーバー海峡で活動。ドイツ降伏までの約4カ月間に142回の出撃を行い、駆逐艦を含む8隻計1万7300トン余りを撃沈した。

極めて小型で静粛性に優れたゼーフントは、特に最微速潜航中にはあらゆる水中探知手段から逃れ得たともいわれており、連合軍側も「戦局に何らかの影響を与えるには投入が遅きに過ぎたことが、我々にとっての幸運であった」との評価を与えている。

ゼーフントの総建造数は285隻、そのうち戦闘や事故による喪失は35隻であった。

SPEC

UボートXXVII型「ゼーフント」
U-boat Type XXVII (Seehund)

水中排水量	14.0トン
全長	11.9m
最大幅	1.70m
喫水	1.74m
主機/軸数	ビュッシング社製ディーゼルエンジン(水上用)1基、AEG製電動モーター(水中用)1基/1軸
出力	60hp(水上) 12hp(水中)
速力	7.7ノット(水上) 6.0ノット(水中)
航続力	7.0ノットで300浬(水上)、 3.0ノットで63浬(水中)
兵装	53.3㎝魚雷2門
乗員	2名

Sボート
高速を武器に大きな戦果をあげた魚雷艇

19世紀末頃より、ドイツではオットー・リュルッセン社を中心に高性能な高速モーターボートの生産が行われていた。これらは第一次大戦のドイツ海軍において哨戒用の小型駆潜艇として導入され、続いてツェッペリン飛行船のエンジンを搭載し、魚雷発射管を装備する「飛行船発動機艇（LMボート）」が大戦後期になって登場する。

生産数が少なく、従って目立った戦果を挙げることがなかったLMボートは、特段の危険が無いとされたのか、第一次大戦後のヴェルサイユ条約でも制限対象にはならなかった。この点に目を付けた新生ドイツ海軍はナヴァス有限会社というカバー企業を仕立てると、連合軍に接収されていたLMボートを民間用という名目で購入し、極秘裏に魚雷艇の運用研究を開始する。

あわせて、アメリカ人実業家オットー・カーンがリュルッセン社に発注した高速艇「オヘカⅡ」の設計を元に、北海や英仏海峡の荒れた洋上でも活動できる航洋性と高速性を持つ新型魚雷艇の設計を開始。こうして完成したのが「Schnellboot（高速艇）」、頭文字から「Sボート」と呼ばれる一連のシリーズである。

荒海面でも高速力を発揮するために、木金混合構造の艇体は丸底船底が採用されていた。エンジンは中央区画左右に2基、その後方に1基が配されており、計3軸のスクリューで最高45ノット近い速力を発揮することができた。当初はMAN製ディーゼルエンジンが採用されたが、不具合が続出したため後にダイムラー・ベンツ製へと変更されている。また、初期の武装は533㎜魚雷発射管が2門、7・92㎜機銃1

初期型S-7級のS-13

挺、20㎜単装機関砲1基であったが、大戦後期には20㎜4連装機関砲をはじめ計10門もの20㎜機関砲を装備する重武装艇も生まれた。

Sボートには大まかに分けて3つのタイプがあり、初期型は平甲板で操縦室左右に剥き出しの魚雷発射管が装備されている。中期型ではさらなる凌波性向上のため船首楼型となり、発射管は船首楼内部に埋め込まれた。そして後期型は船首楼上部の旋回機銃座が丸い浴槽のような埋め込み式となり、機銃手の生残性を向上させている。装甲は基本的には無かったが、最後期には多くの艇が装甲化された小型

SPEC

Sボート(S-26級)
Schnellboot (S-26 class)

基準排水量	109トン
全長	34.94m
最大幅	5.28m
吃水	1.67m
主機/軸数	ダイムラー・ベンツMB501 ディーゼルエンジン3基/3軸
出力	6,000hp
速力	39ノット
航続距離	35ノットで700浬
兵装	53.3㎝単装魚雷発射管2基、20㎜単装機関砲2門、(または37㎜単装機関砲1門、20㎜単装機関砲1門)、予備魚雷2本(または機雷)
乗員	24名

の操縦室を有していた。

大戦当初、Sボートはバルト海や大西洋沿岸部に配置され、それぞれ近海哨戒や通商破壊、連絡、機雷敷設など各種任務に投入された。やがて戦争の進捗と共にSボートは地中海にも派遣され、イタリア半島の各港湾を基地として北アフリカへ向かう連合軍輸送船団の襲撃にも参加している。

1942年6月には、黒海を遊弋するソ連艦隊に対抗するため、第1Sボート戦隊が同地に派遣された。ハンブルクからドレスデンまではエルベ川を遡り、そこからインゴルシュタットまで陸上輸送、そしてドナウ川を下ってルーマニアの黒海沿岸の都市コンスタンツァへと至った第1Sボート戦隊の6隻は、ここを拠点としてただちに作戦行動を開始。9月にはクリミア半島から海路撤退するソ連軍を追ってタマン半島沿岸部まで進出し、計19隻の輸送船を撃沈する戦果を挙げている。

Sボートは戦間期にスペイン、ユーゴスラビア、中国に輸出され、それぞれの海軍で重要な戦力として活用された。またイタリア海軍は、バルカン侵攻後に同地で捕獲したSボートを元にしてMS艇を建造している。

大戦中、Sボートは合計で40万トン近い撃沈戦果を挙げ、23名の騎士鉄十字章叙勲者を輩出した。安価な兵器ながらUボートに次ぐ戦果を挙げたSボートは、対コスト効果の面ではドイツ海軍において最高ランクだという評価も少なくない。

T22型水雷艇

大西洋沿岸で哨戒や護衛に活躍した小型駆逐艦

第一次大戦の敗戦後、ヴェルサイユ条約下で粛々と再建に乗り出したドイツ海軍は、条約の厳しい規定の中でメーヴェ型、ヴォルフ型の二種の小型駆逐艦を新造して運用していた。

後にヴェルサイユ条約の破棄を見越して建造された大型駆逐艦Z1型が登場すると、これらの小型駆逐艦は水雷艇へと類別変更されたが、小さな船体に3門の備砲と魚雷を備えていたため沿岸海域の哨戒、防備用として扱うには誠に都合が良かった。これを受けて、ドイツ海軍はより強力な魚雷戦能力を持たせたT1型、T13型の二つの水雷艇を建造する。

だが、これらの水雷艇は備砲を1門に減らして魚雷を主兵装とする設計を採用しており、こと汎用性の面から見るといささか問題のある艦であった。そこでドイツ海軍は、砲戦能力と魚雷戦能力をバランスよく備えたT22型水雷艇の建造を1939年度建艦計画において開始する。なお、本型はこの計画年度から1939年型水雷艇（Flottentorpedoboot1939）とも呼ばれる。

従来よりも若干大型化したT22型の船体には13の水密区画が設けられ、ボイラーの分割配置に加えて全長の約7割にわたって二重底としたことで、従来艦と較べて防御力が格段に向上していた。また船体の大型化は凌波性の向上にも繋がり、沿海域のみならず北海のような荒れた外洋にも進出可能となっている。

機関はT1型、T13型と同様のワグナー式蒸気タービン2基2軸だったが、前級までは問題が多発していたこの機関もその後に改良が進んだらしく、本級では特段の不具合は見られない。ただし、公試において補機の蒸気消費量が過大でタービンへの蒸気量が不足気味であることが判明し、速力と航続力は計画値よりも低い最大32ノット、19ノットで2400浬に落ち着かざるを得なかった。

兵装は42口径10・5cm単装砲が4門、三連装魚雷発射管が2基6門と、従来艦より大幅に砲熕（ほうこう）兵装が強化されている。対空兵装は新造時で3・7cm単装機関砲が2門、2cm四連装機関砲が1基4門、同単装2門であったが、後に各艦とも若干の増備がなされている。加えて爆雷を最大60個搭載可能だったが、流石にこれだけの兵装の上に爆雷を最大量搭載すると安定性の悪化が著しく、通常は半分程度に抑えていたという。

完成したT22型水雷艇は、全艦が大西洋に配備された。そのうち最初に完成したT22、T23は1942年11月までにビスケー湾に到着、第四魚雷艇群の一員としてビスケー湾の哨戒や封鎖突破船の護衛など各種任務に就いている。

その後、T24～T27まで計6隻が配備された第四魚雷艇群だったが、英仏海峡で封鎖突破船の護衛任務中だった1943年10月23日未明、暗号解読により出撃してきたイギリス艦隊と遭遇。魚雷攻撃によって軽巡洋艦「カリブディス」を撃沈、護衛駆逐艦「リンボーン」を大破させる戦果をあげている。

その汎用性を活かしたドイツ海軍の小さなワークホースとして、T22型は北はバルト海から南はビスケー湾まで、大西洋沿岸部を舞台として様々な任務に活用された。そのぶん損害も大きく、終戦まで生き残った艇は完成した15隻のうちT23、T28、T33、T35のわずか4隻に過ぎない。

これらの4隻は戦後、賠償艦として各国に分配されたが、最後まで海上にあったのはソ連に引き渡されたT33であった。同艦はソ連到着後に「プリミャーニィ」と改名され、1954年11月末に退役するまでバルト海艦隊の対潜護衛艦として活動した。その後は宿泊船として活用されるも、1年後の1956年11

写真はT22型水雷艇のうちの１隻、T35で、第二次大戦後に賠償艦としてアメリカに引き渡され、同国海軍でDD-935として再就役したときに撮られたもの

月にスクラップとして解体されている。

SPEC

T22型水雷艇
T22 Class Torpedo Boat

基準排水量	1,294トン
全長	102.5m
最大幅	10m
喫水	3.22m
主缶	ワグナー式重油専焼缶4基
主機/軸数	ワグナー式ギヤードタービン2基/2軸
出力	32,000hp
速力	31ノット
航続力	19ノットで2,400浬
兵装	42口径10.5cm単装砲4門、80口径3.7cm単装機関砲2門、2cm四連装機関砲1基、2cm単装2門、53.3cm三連装魚雷発射管2基、爆雷30〜60個
乗員	206名

航空機整備艦「ユニコーン」

洋上の航空機修理場として竣工、空母として活躍

1935年、イタリアのエチオピア侵略に端を発するアビシニア危機が起こると、イギリス海軍は空母を含む艦隊をジブラルタルに派遣して万が一の事態に備えた。結局この艦隊派遣は、当時のイギリス政界がイタリアと融和する方針をとったために空振りとなったが、一方でイギリス海軍は「長期的に空母機動部隊を行動させるなら航空機の損耗率は無視できない数字となる」という貴重な戦訓を得る。

空母艦載機は危険な発着艦をくり返すため、陸上機の離着陸よりも遙かに事故が多く、そして着艦の際は強烈な衝撃が加えられるために機体の消耗が著しい。軽度の損傷であれば空母の限定的な整備能力でも対応可能だが、本格的な修理は陸上の航空基地に送るしか方法はなく、しかし艦隊行動中はその余裕が無いため、損傷の激しい機体は廃棄する他なかったのだ。

そこでイギリス海軍は、長期行動する機動部隊に随伴し、陸上の工廠並みの航空機整備能力をもって空母を支援する専用の航空機補修艦を1938年に起工、1943年に完成したのが「ユニコーン」である。なお同型艦は無く、また艦種類別上では就役から終戦後の一時退役まで一貫して軽空母という扱いとなっている。

空母「アーク・ロイヤル」を参考として設計されたエンクローズド・バウの船体は、「アーク・ロイヤル」と比較して全長が約50m短い一方、全幅は約1m程しか変わらない。この幅広の船体の中に二層の格納庫を設け、アメリカ空母の規格を採用して格納庫高を5mとした結果、本艦の水線から飛行甲板までの高さ

航空機修理用のスペースを確保するため、
非常に乾舷が高いシルエットが特徴的な
「ユニコーン」

はイラストリアス級空母を上回る約14ｍもの高さとなっている。この大容積の格納庫の中に航空機用の各種整備機械を収めており、イラストリアス級3隻を支援できる能力が与えられていた。

飛行甲板および主甲板には51㎜の装甲が貼られており、加えてあらゆる艦載機を受け入れるため着艦制動装置は正規空母と同様のものが与えられている。さらにエレベーターを前後2基、最大6・4トンの航空機を66ノット（122㎞／h）まで加速できるカタパルトを1基装備と、航空艤装についてはは

SPEC

航空機整備艦「ユニコーン」
Aircraft repair ship HMS Unicorn (I72)

基準排水量	14,950トン
全長	194.9m
最大幅	27.4m
吃水	6.8m
主機/軸数	アドミラルティ式3胴型重油専焼缶4基、パーソンズ式ギヤードタービン4基/4軸
出力	40,000hp
速力	24ノット
航続距離	13.5ノットで7,000浬
兵装	Mk.V45口径4インチ（10.2㎝）連装高角砲4基、2ポンド4連装ポムポム砲3基、エリコン20㎜連装機関砲8基
搭載機	36機
乗員	1,000名

イラストリアス級とほぼ同等の能力があった。

そのため竣工当初の本艦は、正規空母の不足に悩む当時のイギリス海軍の情勢を反映して、航空機整備艦ではなく艦隊支援用の軽空母として運用されている。１９４3年6月は「イラストリアス」と共にノルウェー沿岸部の掃討作戦にあたり、同年8月にはアヴァランチ作戦に従事するため地中海へと派遣された。

アヴァランチ作戦の終了後は本来の航空機整備および輸送任務のため地中海で活動していたが、同年12月から太平洋戦線に派遣され、正規空母の到着の遅れから再び艦隊空母として航空作戦に従事する。「ヴィクトリアス」の太平洋到着後はオーストラリアを拠点に支援任務にあたり、イギリス極東艦隊の活動を陰から支え続けた。

第二次大戦終結後は予備役に編入され本国で保管状態に置かれるも、朝鮮戦争の勃発により現役復帰し、航空機整備艦兼工作艦として半島沿岸部で支援任務に従事する。この時、海岸近くの北朝鮮軍監視哨に対して4インチ連装高角砲で砲撃を行っているが、これは実戦においてイギリス空母が艦砲射撃を行った唯一の例であり、また朝鮮戦争に参加したイギリス空母の中でもっとも敵陣に接近した空母という栄誉も得ることとなった。

第二次大戦に加えて朝鮮戦争の全期間にわたって実戦参加し、航空機整備艦でありながら正規空母さながらの活躍を演じた「ユニコーン」は、その後１９５3年に退役となり、全装備を取り外された後の１９５9年にスクラップとして売却された。

MACシップ

輸送船団を護るため全通飛行甲板を載せた商船

1941年3月のレンドリース法成立によりアメリカから大量の武器援助を受けることになったイギリスだったが、地中海の戦いが激化する中で輸送船団を護衛する艦艇が不足し、Uボートの襲撃や空襲によって大きな損害を被っていた。特にノルウェーやフランス沿岸から発進してくるドイツ空軍の長距離哨戒爆撃機は輸送船団の重大な脅威となり、これに対抗するためイギリス海軍は既存の輸送船を改装して戦闘機を搭載したCAM（Catapult Aircraft Merchant）シップを考案し、輸送船団の上空直援にあたらせることとなる。

これは船首にカタパルトを設けて戦闘機1機を搭載したものだったが、着艦設備がないために発進後の機体を回収することは不可能で、戦闘終了後は遠方の味方基地へ向かうか、北大西洋の荒れた海上に不時着水するしかなかった。特に独ソ戦の開戦後にソ連への物資援助が開始されると、北極圏に近い極低水温の海域を通過するために漂流するパイロットの生存時間は極めて短いものとなり、出撃に際してパイロットに決死の覚悟を迫るものとなってしまったのである。

また、もう一つの脅威であるUボートに対抗するには対潜機による継続的な哨戒が必要不可欠であり、イギリス海軍はCAMシップの概念を更に発展させ、搭載機の回収と再発進を可能としたMAC（Merchant Aircraft Carrier）シップを新たに生み出していく。

MACシップは輸送船の上部に全通式の飛行甲板を設けた簡易空母と呼べるものだったが、その名が示す通りあくまで航空艤装を持った商船という扱いであり、他の輸送船と同じく船内の貨物庫には大量の物資を積載している。その船籍は民間会社のまま、運航は民間人が担当してパイロットと整備員だけが軍人であった。

最初のMACシップとして1943年7月に第1船が誕生したエンパイア・マックアルパイン級（エンパイア・マックアルパイン、エンパイア・マッケンドリック、エンパイア・マックアンドリュー、エンパイア・マクダーモット、エンパイア・マクレー、エンパイア・マッコーラム）は穀物運搬船を改装したもので、一層式の格納庫とエレベーターを設けてソードフィッシュ4機を搭載できるようになっていたが、続く油槽船改装のラパナ級（ラパナ、アンサイラス、アカヴス、アレクシア、アマストラ、ミラルダ、アドゥラ、ガディラ、マコマ）、エンパイア・マッケイ級（エンパイア・マッケイ、エンパイア・マッコール、エンパイア・マクマホン、エンパイア・マッケイブ）は格納庫を廃し、搭載機はすべて露天繋止とされた。なお穀物運搬船と油槽船がMACシップの母体に選ばれたのは、どちらも荷役のための大きなハッチが不要で上構を飛行甲板で覆っても支障がなかったためである。

いずれの船も右舷側に小型の島形船橋があり、甲板上には4条の着艦制動索を設けている。機関はディーゼルエンジンで速力は遅かったが、煙突を最小限の大きさにまとめることができたのは航空機の運用上都合が良く、また搭載機がSTOL性に優れたソ

飛行甲板上にソードフィッシュを載せた油槽船改装のラパナ級「マコマ」

穀物運搬船から改装されたエンパイア・マックアルペイン級「エンパイア・マックアンドリュー」

ードフィッシュだったために低速力でも問題はなかった。

新造で10隻、改装で9隻の計19隻が就役したMACシップは、アメリカから援助された大量の護衛空母が配備されるまでの間、輸送船団の上空直援に大いに活用された。また護衛空母の配備後も、大荒れの北極海では本船のソードフィッシュだけが発進可能だったことから、本職の護衛空母を差し置いて意外な活躍をする事もあったという。大戦中の喪失は無く、戦後は19隻すべてが本来の輸送船に再改装されて民間航路に復帰している。

SPEC

エンパイア・マックアンドリュー
MAC ship “Empire MacAndrew”

総トン数	7,950トン
全長	135.8m
最大幅	17.1m
喫水	7.5m
主機/軸数	バーマイスター&ウェイン製ディーゼル1基/1軸
出力	3,300hp
速力	12.5ノット
航続距離	不明
兵装	40口径4インチ単装高角砲1基、40㎜ボフォース単装機関砲1門、20㎜単装機銃4挺
搭載機	ソードフィッシュ4機
乗員	107名

敷設巡洋艦「エミール・ベルタン」

巡洋艦に準ずる装備で機雷敷設以外の任務に活躍

第一次大戦末期、英米両海軍は7万3000個以上の機雷をもって北海機雷堰（きらいせき）を敷設し、ドイツ海軍潜水艦の封じ込めに成功した。この戦例を元に、敵性海域において攻勢的な機雷戦を展開するため、敷設艦に一定の攻防力を持たせた「敷設巡洋艦」が英海軍で構想され、誕生したのが世界初の敷設巡洋艦「アドヴェンチャー」である。

一方、フランス海軍も独自に北海での機雷戦の戦訓を学んでいたが、国情的なライバルといえる英海軍で「アドヴェンチャー」が完成すると、その対抗馬として敷設巡洋艦「プリュトン」を計画・建造する。しかし計画段階から「プリュトン」の能力に疑問を抱いていたフランス海軍は、より強力な砲力を備え、さらに高い航洋性と機雷搭載能力を持たせた大型高速敷設巡洋艦を新規に計画。こうしてフランス海軍2隻目の敷設巡洋艦として1934年に完成したのが「エミール・ベルタン」であった。

船体はフランス伝統の船首楼型を採用していたが、高速性と荒海面での凌波性を確保するため本艦の艦首部の乾舷はかなり高い。そして水雷戦隊旗艦として駆逐艦に伍する高速性能を発揮できるよう、機関には新設計のペノエ式水管缶とパーソンズ式ギヤードタービンによる4軸推進が採用された。この凌波性の良い艦首形状と高出力機関の組み合わせにより、「エミール・ベルタン」は公試において39・66ノットという高速を発揮したが、戦備状態での最高速力は34ノット程度に抑えられた。また公試時に発生した振動問題解決のため、後にスクリューを改良型へと交換している。

第二次大戦前に撮影された「エミール・ベルタン」

主砲は新規設計の55口径15・2cm三連装砲を前部に背負い式で2基、後部に1基装備しており、ドイツ海軍の軽巡洋艦と同等の砲力を有していた。高角砲も長射程での対空戦闘を見越した新設計の50口径9cm高角砲を連装1基、単装2基装備し、片舷に3門を指向できるよう位置が工夫されている。さらに機銃、雷装、航空艤装も他のフランス巡洋艦に準ずる装備が為されているため、本艦を敷設巡洋艦ではなく軽巡洋艦として分類する向きもある。一方で機

SPEC

敷設巡洋艦エミール・ベルタン（1940年時）
Cruiser Emile Bertin

基準排水量	5,886トン
全長	177m
最大幅	16m
吃水	6.6m
主缶	ペノエ式重油専焼水管缶6基
主機/軸数	パーソンズ式ギヤードタービン4基/4軸
出力	84,000hp
速力	34ノット
航続	15ノットで3,600浬
兵装	55口径15.2cm三連装砲3基、50口径9cm連装高角砲1基、同単装2基、37mm連装機銃4基、13.2mm連装機銃4基、55cm三連装魚雷発射管2基、機雷200個
搭載機	水偵2機（機雷搭載時は装備せず）
乗員	平時567名/戦時711名

雷戦装備についてはバーターになっており、敷設任務へあたるには航空機とカタパルトを下ろした上で、艦両舷中央部から艦尾にかけて折り畳み式の投下軌条を展開する構造であった。

第二次大戦の開戦を北アフリカのビゼルドで迎えた「エミール・ベルタン」は、レバノンからトゥーロンまでポーランド政府が所有する金塊の極秘輸送に従事した後、大西洋でドイツ封鎖突破船の警戒や輸送船団の護衛など各種任務に就いた。

1940年5月から、今度はフランス政府の金塊をカナダ・ハリファクスまで輸送する任務にあたったが、2度目の輸送任務中にフランスが降伏。カリブ海のフランス領マルティニーク島へ向かい、同地で事実上の抑留状態に置かれることとなる。

1943年夏、マルティニーク島が自由フランス側に立つことになり、あわせて「エミール・ベルタン」の戦列復帰が決定。フィラデルフィア海軍工廠において2番砲塔中央の砲を撤去し、代わりに対空兵装の強化と電探の装備等の改装を受ける。44年1月から自由フランス海軍の一艦として大西洋での護衛や哨戒をはじめ、ドラグーン作戦の支援、イタリア・リグーリア海岸への艦砲射撃など様々な任務に従事した。

第二次大戦後は仏領インドシナ方面において活動し、1946年7月の本国帰還後は砲術練習艦として1951年まで使用された。除籍後は宿泊船として活用の後、1959年10月にスクラップとして売却された。

自由フランス所属となった「エミール・ベルタン」で2番主砲塔の中央砲が撤去されている

練習巡洋艦「ジャンヌ・ダルク」
客船のような優美な艦容を持つ練習巡洋艦

フランス海軍では伝統的に士官候補生の遠洋航海実習用に装甲巡洋艦を充てていたが、第一次大戦での酷使により装甲巡洋艦が急速に老朽化したため、1926年度海軍整備計画においてフランス海軍初となる練習巡洋艦1隻の建造を決定。デュゲイ・トルーアン級軽巡洋艦をタイプシップとして艦内容積の拡大など各種の改設計を加え、1931年に完成したのが「ジャンヌ・ダルク」である。

「ジャンヌ・ダルク」の艦形はデュゲイ・トルーアン級と同じく船首楼型だが、士官候補生150名とその教官20名を収容する居住区画や教室などを設けるために甲板室が非常に長く取られており、また二層にわたってプロムナード・デッキ（遊歩道甲板）を設けたことで客船のように優美な外観となっている。

さらに艦内容積をできる限り大きくするため、全長に比して非常に幅広な艦形となっており、真上から見ると左右両舷のラインがほぼ平行に延びた、全体として葉巻型をしているのが大きな特徴だった。練習巡洋艦ゆえに防御力は脆弱で、20㎜装甲を甲板と機関部などの主要防御区画へ配する程度だったが、水密区画を多く取ることで浸水被害を局限化するよう考えられていた。

兵装もデュゲイ・トルーアン級とほぼ同等となる、15・5㎝連装砲を背負い式に前後2基ずつ、そして7・5㎝高角砲を片舷2門ずつ装備している。一方で雷装は単装発射管が片舷1基ずつに減じられたが、これは雷装を少なくすることで艦の重量を減らすための措置であった。また、計画時には後部にカタパルトを装備して水上機の射出が可能とされていたが、建造中にカタパルト装備は取り止めとなり、水上機はデリックで海面に降ろして自力発進させるようになっていた。

　１９３１年10月に就役した「ジャンヌ・ダルク」は、欧州情勢に暗雲立ちこめる中で遠洋航海実習に船出し、後の第二次大戦においてフランス海軍を背負って立つ多くの基幹人員を送り出した。

　第二次大戦の勃発時にはブレスト軍港にあり、大西洋においてドイツ封鎖突破船の掃討に従事。１９４０年５月にドイツ軍のフランス侵攻が開始されると、敷設巡洋艦「エミール・ベルタン」と共にカナダへの金塊輸送作戦にあたり、母国降伏後は１９４３年７月までマルティニーク島で抑留状態となった。

　その後、「ジャンヌ・ダルク」は対空レーダーを装備したうえで40㎜単装機関砲６門、20㎜単装機銃20挺を増備し、自由フランス海軍の一艦として戦列に復帰。高速輸送艦としてコルシカ島上陸作戦や「ドラグーン」作戦などに投入された他、北イタリアリグーリア地方のドイツ軍沿岸陣地に対する砲撃作戦にも参加している。

　大戦後は練習巡洋艦としての任務に復帰し、計27回にも及ぶ世界周航を達成。そのうち１９６２～63年の25回目の世界周航では、北太平洋上において右舷機破損の状態で三つの連続する巨大な三角波に遭遇、最大35度の大傾斜

艦尾側から見た「ジャンヌ・ダルク」

2層のプロムナード・デッキ（遊歩道甲板）が客船を思わせる「ジャンヌ・ダルク」

をしながらも何とか転覆を免れるという出来事もあった。

1964年6月、「ジャンヌ・ダルク」は最後の遠洋航海実習から帰還した後に実働艦籍から離れ、翌月にはその名を新型のヘリコプター巡洋艦に譲った後で除籍解体となった。その33年間の生涯において総航海距離は計74万浬にも及び、これは同世代のフランス巡洋艦の中では最大の記録とされている。

まるでフランス文化を形にしたような本艦の優美な姿は世界中の人々から愛され、戦後フランスの国威発揚に最も貢献した艦となったのである。

SPEC

練習巡洋艦「ジャンヌ・ダルク」
Light Cruiser Jeanne D'Arc

基準排水量	6,496トン
全長	170m
最大幅	17.7m
喫水	6.40m
主缶	ペノエ式重油専焼缶4基
主機/軸数	パーソンズ式ギヤードタービン 2基/2軸
出力	32,500hp
速力	25ノット
航続距離	14.5ノットで5,000浬
兵装	55口径15.5cm連装砲4基、50口径7.5cm単装高角砲4門、37mm単装機関砲2門、55cm単装魚雷発射管2基、水偵2機
乗員	平時505名＋候補生156名＋教官20名 戦時648名

護衛空母「ロング・アイランド」

小型護衛空母に改造された戦時標準船

戦間期、アメリカ海軍ではワシントン条約制限内の小型空母を多数建造することで、正規空母の代替や巡洋艦隊の上空直援にあたらせることが検討されていた。結局この案は、ロンドン条約で排水量1万トン以下の空母にも制限が加えられたことにより日の目を見ることはなかったが、第二次大戦の勃発により本案は形を変えて再浮上することになる。

1940年秋、大西洋におけるドイツのUボートや通商破壊艦の跳梁を見たアメリカ海軍は、これらに対抗するための護衛用空母の検討を開始。時の大統領フランクリン・ルーズヴェルトは、ヘリコプターもしくはオートジャイロを12機程度搭載する小型の対潜空母の整備を提案したが、これに対して空母艦隊司令官のウィリアム・ハルゼーは離着艦訓練や航空機輸送などにも柔軟に使えるだけの大きさと、艦隊随伴が可能となる19ノット以上の速力を持った艦の方が望ましいとする意見を提出。海軍作戦部での検討の結果、ハルゼーの案に基づいた護衛用小型空母の整備を決定する。

将来的な大増勢を見越してC-3型戦時標準船を特設空母とする改装計画が立てられ、まずは「モーマックメイル」「モーマックランド」の2隻が改装予定艦に選定された。なおこの2隻が選ばれた理由は、両船ともにディーゼル機関推進で煙突は小型のもので済み、煙突を舷側へ移設するにも特段の配慮が必要なかったためである。

1941年5月から始まった改装工事では、船橋構造物の後方をふさいで密閉式格納庫とし、上部に全

1942年7月、真珠湾に停泊中の「ロング・アイランド」。すでに飛行甲板は延長されている

通式の飛行甲板を設置。さらにエレベーターとカタパルトをそれぞれ1基ずつ装備している。当初の飛行甲板は有効長109・7m、有効幅21・6mしかなかったが、この時点で運用対象となっていた戦闘機や観測機については問題なく離着艦することが可能であった。変わったところでは艦尾に12・7cm単装砲を装備しており、これは浮上潜水艦との砲戦を想定したものである。

こうして改装を受けた2隻のうち、「モーマックメイル」は1941年6月2日に「ロング・

SPEC

護衛空母「ロング・アイランド」
USS Long Island (CVE-1)

基準排水量	13,324トン
全長	149.96m
最大幅	21.2m
喫水	7.66m
主機/軸数	ブッシュ・ズルザー式ディーゼル4基/1軸
出力	8,500hp
速力	16.5ノット
兵装	51口径12.7cm単装砲1基、50口径7.6cm単装高角砲2基、12.7mm単装機銃4基
搭載機	21機
乗員	970名

アイランド」と名を変えて竣工し、アメリカ海軍に編入された。もう1隻の「モーマックランド」は同年11月17日に「アーチャー」として竣工、こちらはレンドリース法に基づきイギリス海軍に貸与されている。

竣工した「ロング・アイランド」は、まず護衛用小型空母の航空機運用法を確立するためノーフォークを母港として各種実験に供された。その中で、現在の飛行甲板では将来的に大型・大重量化する艦載機の運用には耐えられないと判断され、飛行甲板を艦首方向へ延長し有効長を127・4mまで拡大する工事を受けている。

太平洋戦争の開戦をアメリカ東海岸で迎えた「ロング・アイランド」は、1942年6月に太平洋へ進出。ミッドウェーへと出撃した主力部隊に代わり、防備が手薄となったアメリカ西海岸から真珠湾にかけての哨戒と船団護衛の任についている。ミッドウェー海戦後は補助航空母艦として航空機輸送任務についていた「ロング・アイランド」だったが、同年8月から始まったウォッチタワー作戦では海兵隊機を載せてソロモン海域へ急行。艦戦、艦爆あわせて24機をガダルカナル島へンダーソン飛行場へ送り込み、同島の制空権確保に大きく寄与している。

その後は最前線を離れて西海岸で搭乗員訓練用の空母として活動し、太平洋戦争後の1948年3月に民間会社へ売却されてC-3型貨物船への復元工事を受ける。大西洋航路で貨客船や洋上大学として活動の後、船舶としては引退後もオランダで大学寮として使われ、1977年にスクラップとなって売却、解体された。

ファラガット級駆逐艦

復原性に不安を抱えた小型重武装駆逐艦

第一次大戦の勃発時、アメリカ海軍の駆逐艦兵力はわずか51隻に過ぎず、ドイツやイギリスと較べて圧倒的に劣勢であった。そのため、アメリカ海軍は駆逐艦戦力の早期拡充を目指し、簡易な構造で急速建造が可能、かつ船体強度が高い平甲板（フラッシュデッカー）型駆逐艦の大量建造を開始する。１９１７年のアメリカ参戦を機にさらに規模が拡大した駆逐艦の増勢は、最終的には3クラス計２７３隻という空前の規模にまで膨れあがった。

しかし、大戦中から戦後にかけて余りにも大量の駆逐艦が完成した結果、以降は新たな艦隊型駆逐艦の計画がすべて停止してしまう。さらに大恐慌による経済状況の悪化によって新規の艦隊計画自体が議会の承認を得られなくなり、アメリカ海軍における新型駆逐艦の計画は戦間期に長い空白期を迎えた。

その間、伸長著しい日本海軍の駆逐艦との性能差は無視できぬレベルにまで拡大し、さらに従来艦を大きく上回る性能を誇る吹雪型（特型）駆逐艦の登場は、古い平甲板型を駆逐艦戦力の中心に据えていたアメリカ海軍でも衝撃をもって迎えられた。１９３０年のロンドン海軍軍縮条約は、日々大きくなる一方であった日米の駆逐艦戦力差を現状で押し止めようとする意図があったことは疑うべくもない。

１９３１年、アメリカ海軍は13年ぶりに新たな艦隊型駆逐艦の建造計画に着手する。ロンドン条約の排水量制限下で、主力部隊の直衛と敵主力部隊の襲撃という二つの任務を兼ねる小型汎用艦として設計されたファラガット級は、１９１４年度計画で建造されたタッカー級以来となる船首楼型を船体に採用していた。

平甲板型の各クラスで問題となった打撃力不足を考慮し、さらに発達著しい航空機にも対応するべく、主砲には5インチ（12・7cm）38口径単装両用砲が採用された。これら両用砲は新型のMk.33射撃管制装置と組み合わされて同艦の射撃能力を飛躍的に向上させ、以降のアメリカ駆逐艦における標準的な兵装となっていく。

ただし、排水量1500トンクラスの小型の船体に重量のある両用砲を5基搭載するのはいささか無理があり、艦首の一・二番砲のみ砲塔装備で残りは露天となっていた。

この重量問題は他の兵装にも影響があり、竣工時点での対空兵装は12・7mm機銃が4挺のみ、対潜兵装はソナーのみで爆雷の装備はない。軽量化のため船体構造に溶接工法を採用したものの根本的な解決には至らず、トップヘビーによる復原性不良は同級最大の枷（かせ）となっていくのである。

全8隻が就役したファラガット級だったが、その全艦が1941年12月7日（ハワイ時間）の真珠湾攻撃に遭遇。哨戒中だった「モナハン」が日本海軍の特殊潜航艇を撃沈している。

その後、ファラガット級は太平洋戦争の主だった戦いに参加しつつ、戦訓により逐次その兵装が強化されていく。ソナーのみだった対潜兵装も爆雷が追加され、さらに対空兵装は三番砲を撤去の上で20mm機銃が装備された。戦争後半には一部の20mm機銃がボフォース40mm機関砲に換装

5番艦「ウォーデン」（DD-352）

1番艦「ファラガット」(DD-348)

され、また対空捜索用のSCレーダー、対水上捜索用のSGレーダーも追加装備されている。

これら兵装の増備によって、ただでさえ不良であった同級の復原性は致命的なまでに悪化し、1944年12月18日のコブラ台風では「ハル」「モナハン」が転覆沈没、「デューイ」「エールウィン」が損傷する惨事に見舞われてしまう。全8隻の内5隻が終戦まで生き残ったファラガット級だったが、改修しても復原性の向上は望めないとして1945年中に全艦退役、その後スクラップとして売却された。

SPEC

ファラガット級駆逐艦(新造時)
Farragut class destroyer

基準排水量	1,365トン
全長	104.01m
最大幅	10.44m
吃水	3.53m
主缶	ヤーロー式重油専焼缶4基
主機/軸数	カーチス式オールギヤードタービン2基/2軸
出力	42,800hp
速力	36.5ノット
航続力	15ノットで5,800浬
兵装	38口径5インチ単装両用砲5基、12.7㎜単装機銃4基、53.3㎝四連装魚雷発射管2基
乗員	160名

ポーター級駆逐艦

アメリカ水雷戦隊を率いる嚮導駆逐艦

第一次大戦において、欧州各国の海軍は通常の駆逐艦よりも砲力に優れ、指揮通信能力を向上させた嚮導駆逐艦を建造して水雷戦隊の指揮に当たらせたが、駆逐艦勢力の大増勢を行っていたアメリカ海軍は通常型の駆逐艦の建造に集中しており、この種の嚮導艦の建造に生産力を割く余裕はなかった。そして戦後は大量建造された駆逐艦が逆に仇となり、アメリカ海軍での駆逐艦の新造計画は長い停滞期に入ると共に、嚮導駆逐艦についてもその必要性は認めつつも、議会から予算の承認が得られない時期が続いていく。

だが、この間の技術革新によって一次大戦型駆逐艦の性能が急速に陳腐化し、さらにライバルである日本海軍が革新的な特型駆逐艦を就役させたことで危機感を覚えたアメリカ海軍は、1931年、じつに13年ぶりとなる新型駆逐艦の建造計画をスタートさせた。それに続く1933年、ファラガット級をはじめとする新型駆逐艦の嚮導艦として計画されたのがポーター級駆逐艦である。

水上砲戦において水雷戦隊の先頭に立つべく、まずもって強力な砲力を重視して設計されたポーター級は、ロンドン条約の制限一杯となる排水量1850トンの船体と、高い見張り能力を物語る特徴的な前後2本のマストを有していた。ファラガット級よりも大型の船体となったが、強力な機関を装備したことによりファラガット級と同等の速力を発揮することが可能となっている。

主砲塔は背負い式に前後2基ずつ、計4基8門のMk.12 5インチ（12・7cm）連装砲を有していたが、軽量な代わりに仰角が35度しかとれないMk.22砲架で、対空能力は限定的といえる。ただし前後に1基ずつ

1939年4月にバージニア沖で
訓練中のネームシップ、駆逐艦
「ポーター」(DD-356)

Mk.35両用方位盤が装備されており、同時に二つの水上目標に対して攻撃が可能となっている。また、雷装はファラガット級と同等の四連装発射管2基だったが、アメリカ駆逐艦としては初となる次発装填装置を装備しており、そのための予備魚雷を8本備えていた。

こうして完成したポーター級は嚮導駆逐艦としての能力のみならず、各国海軍が模索していた艦隊型駆逐艦としても非常に先見性のある艦型としてデビューしたが、一方で当時のアメリカ駆逐艦の類型に洩れず、完成当初より著しいトップヘビーが指摘されることになる。特に艦前部の重量過多は深刻で、第二次大戦の開戦までに各艦とも後部マストの撤去、前部マストの単棒檣化と短

SPEC

ポーター級駆逐艦
Porter-Class Destroyer

基準排水量	1,850トン
満載排水量	2,663トン
全長	116.15m
最大幅	11.02m
吃水	3.96m
主缶	バブコック&ウィルコックス式重油専焼缶4基
主機/軸数	パーソンズ式オールギヤードタービン2基/2軸
出力	50,000hp
最大速力	37ノット
航続距離	12ノットで6,380浬
兵装(竣工時)	38口径5インチ(12.7cm)連装砲4基、75口径28mm四連装機銃2基、53.3cm四連装魚雷発射管2基
乗員	206名

縮化、上部構造物の小型化、煙突の縮小など、軽量化のための各種の改装を受けた。

しかしこれらの努力にも関わらず、戦争の進捗と共に対水上／対空レーダーの装備や機銃の増備、主砲の両用砲化など各種の小改装が加えられた結果、ポーター級のトップヘビー傾向は最後まで解決を見ることはなかった。

ポーター級の建造数は8隻。そのうち1番艦「ポーター」は南太平洋海戦において不時着水した雷撃機のパイロットを救助中、誤って航走を始めた雷撃機の魚雷が命中し大破。後に味方艦の砲撃で処分されるという珍事によって喪失されている。

「ポーター」を除く7隻は、2番艦「セルフリッジ」がソロモンの戦いで大破した他は特段の損傷もなく、7隻全てが大戦を生き残っている。大戦後はトップヘビー傾向が忌避されて6隻が戦後早期に除籍されたが、残る4番艦「ウィンスロー」は特務艦として艦種変更を受け、各種対空兵器の試験艦として1950年まで用いられた。

1945年8月撮影の4番艦「ウィンスロー」(DD-359)。この翌月に特務艦となり、艦番号はAG-127に変更された

ベンソン級駆逐艦

両大洋の最前線で戦った2本煙突の駆逐艦

第一次世界大戦中、じつに270隻もの平甲板型駆逐艦の建造を行ったアメリカ海軍は、それゆえに戦後は新たな駆逐艦を設計・建造する必要性が無くなり、また戦後の軍縮による予算不足もあって、1935年まで駆逐艦の新造が行われることはなかった。

その間、日英など列強各国の駆逐艦戦力の増勢は著しく、また性能が陳腐化した平甲板型ではその対抗馬になり得なかったことから、アメリカ海軍は16年ぶりに新設計の駆逐艦の建造に着手。しかし、ロンドン条約の失効（編注：1936年12月31日）前に設計されたファラガット級をはじめとする条約型駆逐艦は、1500トンクラスの小さな船体に重武装を施した結果として復元性や船体強度に大きな問題を抱える艦となってしまう。

加えて、欧州情勢が再び大戦の機運に包まれた1938年の時点で、アメリカ海軍のファラガット級以降の新型駆逐艦は60隻にも満たなかった。そのため駆逐艦戦力の急速な増勢が望まれ、前述の問題点を改善するべく、条約型駆逐艦のひとつであるシムス級の設計を一部変更して建造されたのがベンソン級駆逐艦である。

抗堪性（こうたんせい）の向上を図るため、シムス級よりも船体強度を増した上で機械室と缶室の配置を缶機缶機のシフト配置としており、それにより2本煙突となった事はシムス級以前の艦との外見上の識別点となっている。また本級の船体設計はバブコック＆ウィルコックスとベツレヘム造船が担当したが、ベツレヘム側より独自設計の機関を搭載したいという要望が出され、煙突断面が前者は円形、後者は楕円形をしているという違いがあった。次級のリヴァモア（グリーブス）級は、前者のバブコック&ウィルコックス設計艦と外見上でも、また性能上でもほとんど変わる点が無く、そのため海軍史家の間ではベンソン=リヴァモア級と一括りにして紹介する向きもある。

当初はシムス級と同じく四連装魚雷発射管3基を搭載する予定だったが、トップヘビー改善のため新設計の五連装発射管2基を中心線上に配置し、また3、4番砲は砲盾を持たない露天装備とされた。しかし兵装重量そのものは大型嚮導駆逐艦であるポーター級とほぼ変わらず、また船体強度を増したことで全体としてシムス級より約7%も重量が増しており、本級でもトップヘビー傾向はいささかも改善されることは無かった。

それでも本級は第二次大戦型駆逐艦の完成形といえるフレッチャー級が登場するまでの繋ぎとして、1940年7月〜1943年2月の間に全30隻、次級のリヴァモア級と合わせると全96隻という大量建造がなされており、アメリカ海軍による艦隊型駆逐艦の急速増勢という構想に十分応えたといえよう。戦時中には各種レーダー装備や対空兵装の増備によって更なるトップヘビーを招いたが、それを押して終戦のその日まで両大洋の第一線に立ち続けたのである。

その内の1隻、1番艦「ベンソン」（DD-421）は

第3次ソロモン海戦で沈んだベンソン級駆逐艦「ラフィー」（DD-459）

1番艦「ベンソン」(DD-421)

1946年3月18日に退役。予備艦としてサウスカロライナ州のチャールストン海軍工廠でモスボール保管されていたが、台湾海峡のプレゼンス獲得のため海軍戦力の増強を指向していた中華民国へ貸与されることが決定する。

1952年2月、「ベンソン」は「洛陽」(DD-14)として中華民国海軍に編入され、台湾海峡の哨戒や大陸沿岸に対する砲撃など各種任務に従事。1958年8月から始まった金門砲戦(台湾名:八二三砲戦)では、台湾と金門島を結ぶ海上補給線の防衛にあたっている。

1974年、アレン・M・サムナー級「タウシグ」(DD-746)と交換の形でアメリカへ返還され、その翌年にスクラップとして売却・解体された。

SPEC

駆逐艦 ベンソン(竣工時)
Destroyer Benson

基準排水量	1,620トン
全長	106.12m
最大幅	11m
喫水	3.58m
主機/軸数	バブコック&ウィルコックス式重油専焼缶4基、ジェネラルエレクトリック式ギヤードタービン2基/2軸
出力	50,000hp
速力	35ノット
航続力	12ノットで6,500浬(計画値)
兵装	38口径12.7cm単装両用砲5基、12.7mm機銃10挺、53.3cm五連装魚雷発射管2基、爆雷投射機1基、爆雷投下軌条2条、爆雷22個
乗員	191名

ガトー級潜水艦

第二次世界大戦時におけるアメリカの主力潜水艦

第一次大戦の終結後、アメリカ海軍は賠償艦として得たドイツ海軍Uボートの持つ先進的な技術に衝撃を受けたが、それを手中に収めるには大きな困難が立ちはだかっていた。ドイツ潜水艦技術の習得を目指して1921~1930年度計画で合計7隻が建造されたVシリーズは、予備浮力不足による低い航洋性や、ディーゼル・エレクトリック機関の出力不足による低速力、艦型が小型のために居住性が劣悪など、明らかに失敗作といえるものであった。

一方、ライバルの日本海軍は順調に技術習得を進め、長大な航続距離と強力な水雷能力を秘めた大型の巡洋潜水艦を続々と竣工させつつあった。従来型潜水艦の退役時期も迫りつつあり、アメリカ海軍はこれを代替する新型の「艦隊型潜水艦」を計画。それまで追求してきた小型化の流れを捨て、Vシリーズを大型化した船体に改良型ディーゼル・エレクトリック機関を搭載したポーパス級（P級）潜水艦を1935年に誕生させる。

以降、アメリカ潜水艦の系譜はサーモン級、サーゴ級と新たなクラスを加えていくが、この間に潜水艦用電池とモーターの技術が飛躍的な発展を遂げ、これらを搭載して大航続力と高速力、良好な居住性を兼ねそえたタンバー級が完成。そして第二次大戦の勃発によって第三次ヴィンソン計画と両大洋艦隊整備計画が発動し、タンバー級へさらに改良を加えた戦時量産型、後のガトー級の大量建造に着手する。

当初はタンバー級第3グループとして扱われていた本級は、タンバー級より若干大型化した船体を持ち、

さらに船体構造を見直したことで最大潜航深度が91m（バラオ級では122m）まで拡大。電気系統の改良によって造水能力も大幅に増加し、艦内に2カ所のシャワー室を設けるなど居住性も向上していた。

速力はタンバー級からわずかに水上速力が向上した程度だが、機関はよりコンパクトにまとめられて信頼性も高かった。ただし一部の艦は機関の量産が間に合わず、従来型を搭載して完成しており、これらは後の改装で新式に換装されている。

驚くべきは、量産性と整備性を向上させるために徹

SPEC

ガトー級潜水艦
Gato-class submarine

基準排水量	1,825トン（水上） 2,410トン（水中）
全長	95m
最大幅	8.3m
吃水	4.6m
主機/軸数	GM式16気筒2サイクルディーゼルエンジン4基、GE式電動機4基/2軸
出力	5,400hp（水上） 2740hp（水中）
速力	20.25ノット（水上） 8.75ノット（水中）
航続距離	10ノットで11,000浬（水上） 2ノットで48時間（水中）
兵装	50口径7.6cm単装両用砲1門、12.7mm単装機銃2挺、7.6mm単装機銃2挺、53.3cm魚雷発射管10門、魚雷24本
乗員	80名

底して各部を規格化し、史上類を見ないほどの大量建造を達成したことだろう。太平洋戦争の開戦時には1隻が竣工していたのみだったが、量産性を上げるため船体や機関の大きな設計変更や改修は禁止されたこともあって、改ガトー級といえるバラオ級も合わせると実に197隻もの多数の竣工艦を生み出したのである。

隻数が揃ったことで正式にガトー級と命名された本級は、アメリカ潜水艦隊の主力として両大洋を舞台に活躍した。太平洋戦線においては戦艦「金剛」、空母「翔鶴」「大鳳」「信濃」をはじめ多くの撃沈戦果を挙げたが、特に商船攻撃では日本海軍の対潜能力がお粗末だったこともあって猛威を振るい、戦前には世界有数の船腹数だった日本の海運界が壊滅的状況になるほどの巨大な戦果を挙げたのである。第二次大戦におけるアメリカ潜水艦の撃沈トン数順位では上位がほぼガトー級で占められており、まさにアメリカの第二次大戦勝利における真の立役者といっても過言ではないだろう。

戦後、ガトー級の各艦は水中行動力の向上をはかったGUPPY改造をはじめとする各種の近代化改装を受けながら、1960年代後期まで現役にあった。また一部の艦は西側諸国に供与されており、そのうちの1隻、SS-261「ミンゴ」は日本に引き渡されて「くろしお」と命名。海上自衛隊初の潜水艦として対潜訓練の目標艦や潜水艦乗員の教育に従事し、将来の日本潜水艦隊復活に向けて大きな功績を残したのである。

グロム級駆逐艦

ポーランド海軍の象徴となった大型駆逐艦

第一次大戦の終結後、ポーランドは西のドイツ、東のロシア＝ソ連を対抗馬として列強各国からの支援を受けながら軍備の近代化を推進していくが、海上戦力については依然として大いに不足を感じていた。有事にはフランスから艦隊が派遣される約定こそ結ばれていたものの、独力で有事に対処できるだけの戦力保持を求めたポーランド海軍は、１９２４年に巡洋艦2隻、駆逐艦6隻、水雷艇及び潜水艦24隻を揃える海軍整備計画を発表する。

その第一弾となったブルザ級駆逐艦の2隻はフランスに発注されたが、続くグロム級2隻は紆余曲折の末にイギリスのジョン・ソーニクロフト社が落札。しかしソーニクロフト設計案では予算内に収まらないことが後に判明したため、最終的にはJ・サミュエル・ホワイト社が設計・建造を担当することになる。当時、日本・ドイツ・フランスの各国が２０００トン級大型駆逐艦の建造に邁まい進しんする中で、対抗上イギリスとしても大型駆逐艦の整備を検討しており、グロム級の設計にはそのテストベッドとしてイギリス建艦技術の粋が集められた。

船体は典型的な船首楼形で、艦橋構造物は空気抵抗の低減を意識して流線型にまとめられた。機関は3胴型水管ボイラーとギヤードタービンの組み合わせによる2軸推進で、テスト時の高負荷運転で最高40・4ノットを発揮したという記録が残されている。後に最高速力は39・6ノットに抑えられたが、それでもポーランド側からの要求値を0・6ノット上回っていた。

主砲はボフォース12cm砲を艦の前後に背負い式で装備していたが、1番砲のみ単装、残りは連装の計7門となっている。対空兵装にはボフォース40mm連装機関砲を2基、オチキス13・2mm連装機銃を4基もち、水雷兵装は53・3cm三連装魚雷発射管2基と、兵装に関しては同時代の駆逐艦の中でもトップクラスの強武装を誇っていた。

グロム級の2隻「グロム」、「ブリスカヴィカ」は1937年に相次いで竣工し、グディニャ軍港へ回航されて仕上げ作業を行っていたが、既にドイツとの関係は破局の一歩手前の状況となっていた。1938年2月に両艦は艦隊配備となったが、39年8月末にはペキン作戦によりイギリスへ脱出、同地で第二次大戦の開戦を迎える。

イギリス本国艦隊の指揮下に入った両艦は護衛任務に従事するも、北大西洋の荒波の前に復元性の不足が判明。後部発射管や探照灯台などを撤去して軽量化を図ると共に、10・2cm高角砲1門を増備する改装を受けた。1940年4月から両艦ともノルウェーに派遣されたが、「グロム」は5月4日にナルヴィク沖にてHe111爆撃機の空襲により爆沈する。

残る「ブリスカヴィカ」はダイナモ作戦の支援の後に大西洋の船団護衛に復帰し、1941年12月に主砲すべてを10・2cm連装両用砲に換装。その後はトーチ作戦やオーバーロード作戦の支援、ノルウェー沖やビスケー湾でのドイツ船団掃討、ドーバー海峡の封鎖、はたまた北大西洋での船団護衛……と、欧州の海を駆け回りながら第二次大戦の終結まで熾烈な戦いの日々を続けたのである。

グディニャ港で博物館船として係留されている駆逐艦「ブリスカヴィカ」。ブリスカヴィカは「雷光」の意。2012年1月2日撮影

航行する駆逐艦「グロム」。グロムは「雷鳴」を意味する。1937年撮影

１９４７年にポーランドへ帰還した「ブリスカヴィカ」は、海軍再建の礎として士官候補生の実習や北欧各国への表敬訪問など各種任務に従事。東側装備に換装された後は主力艦として主にバルト海の警備任務についた。

１９７４年、老朽化のため一線を退いた「ブリスカヴィカ」は博物館船となることが決定。第二次大戦時の装備と塗装に戻された「ブリスカヴィカ」は多くの観光客を迎える傍ら、毎年の士官候補生の卒業式典は同艦で行なわれるのが通例となっており、ポーランド海軍の象徴として今も歴史を刻み続けている。

SPEC

グロム級駆逐艦（竣工時）
Grom-class destroyer

基準排水量	2,011トン
全長	114m
最大幅	11.26m
喫水	3.3m
主機/軸数	アドミラルティ式重油専焼缶3基、パーソンズ式ギヤードタービン2基/2軸
出力	54,000hp
速力	39.6ノット
兵装	ボフォース50口径12cm連装砲3基、同単装1門、ボフォース56口径40mm連装機関砲2基、オチキス13.2mm連装機銃4基、53.3cm三連装魚雷発射管2基、爆雷投射機2基、爆雷44個
乗員	200名

※データは「グロム」のもの

航空巡洋艦「ゴトランド」

軽巡の砲力と水上機母艦の能力を持つ航空巡洋艦

1925年、スウェーデン国防法の改正により陸海軍航空隊を統合する形で空軍が設立される運びとなり(正式な建軍は1926年)、スウェーデン海軍では防空や哨戒、偵察、着弾観測などの任務を、陸上航空隊に代わり艦載機で行うことについて模索が始まる。

この年のうちに、複数の水上機を搭載した巡洋艦クラス2隻を建造するプランが検討され、さらに1926年12月には15cm砲6門を有した上で水上機12機を搭載する4500トンクラス水上機母艦が提案されたが、要求に対して艦のサイズが不足しているとして成案には至らなかった。しかし多数の水上機を搭載した〝ハイブリッド〟巡洋艦という概念は、当時のスウェーデン海軍が模索していた艦載機運用の将来像にマッチしたものであり、このプランをベースとしてさらなる検討が加えられていく。

1927年、15・2cm砲3基6門に水上機8機を搭載する5500トンクラス航空巡洋艦案が提出され一応の承認を得るが、後に予算不足により規模が縮小。最終的には排水量を700トン減じた上で主砲を4基6門、カタパルト1基を搭載する案に落ち着くこととなる。

排水量4800トンの船体は平甲板型にまとめられているが、艦橋後方から艦尾まで長い甲板室が設けられ、2番煙突から後ろを飛行甲板とすることで最大限の航空機運用能力を持たせるよう配慮されている。搭載機数は甲板への露天繋止で8機、さらに後部甲板と飛行甲板の間に設けられた格納庫内に3機を収容可能だったが、格納庫の使用はカタパルトの運用とバーターになっており、その際はデリックで海上へ降

1943年の航空巡洋艦「ゴトランド」

ろして自力発進することが考えられていた。

主砲は15・2cm砲を前後に連装2基、艦橋両舷に単装2基備えており、片舷5門の火力発揮が可能だ。対空兵装は初期には7・5cm高角砲が連装1基、単装2基の計3門、2・5cm機関砲を計4門となっており、その他に8mm機銃が4挺備えられている。一方で水雷兵装は53・3cm連装魚雷発射管が片舷1基ずつで、純粋な巡洋艦としてみるなら水雷戦能力の不足は否めない。また機関についても当初計画の28ノットから27・5ノットへとわずかに最高速力が減じられていた。

SPEC

航空巡洋艦「ゴトランド」(竣工時)
Seaplane Cruiser Gotland

基準排水量	4,750トン
全長	134.8m
最大幅	15.4m
吃水	4.5m
主機/軸数	ペノエ式重油専焼缶4基、ド・ラヴァル式ギヤードタービン2基/2軸
出力	33,000hp
速力	27.5ノット
兵装	55口径15.2cm連装砲2基、55口径15.2cm単装2基、60口径7.5cm連装高角砲1基、60口径7.5cm単装2基、2.5cm単装機関砲4基、8mm単装機銃4挺、53.3cm連装魚雷発射管2基、爆雷80～100個
搭載機	11機
有効射程	150m
乗員	467名

1934年12月14日に就役した「ゴトランド」は、スウェーデン海軍最大の戦力を有する沿海艦隊の旗艦として各種任務にあたった。主に予算の問題から搭載機は6機程度に抑えられ、高い航空機運用能力を完全に発揮する機会はついに訪れなかったが、その特異な艦形は就役当初から各国海軍の注目を集めることとなった。特に日本海軍においては利根(とね)型巡洋艦の設計や、ミッドウェー海戦後の「最上」の修理改装に多大な影響を与えたと言われる。

第二次世界大戦では参戦国ではなかったために特段の戦歴はないが、1941年5月20日にカテガット海峡においてライン演習作戦へ出撃する戦艦「ビスマルク」以下のドイツ艦隊に遭遇。この通報が在ストックホルム英海軍武官を通じて英本国に報告され、やがて「ビスマルク」撃沈に至る追撃戦の端緒を生み出したことが唯一の活躍と言えようか。

1944年には旧式となった搭載機の更新が進まないことから防空巡洋艦への改装が決定、航空艤装をすべて撤去の上で大幅に対空兵装を増強された。大戦後は主に訓練のために用いられていたが、大戦終結から10年を経た1955年には両舷の15・2cm単装砲をはじめ多くの兵装を撤去の上で、新型レーダー含む防空関連機器と4cm機関砲13門を新たに装備した防空指揮艦に改装。翌1956年には予備艦籍に入り、1962年にスクラップとして売却・解体された。

艦尾側から見る「ゴトランド」

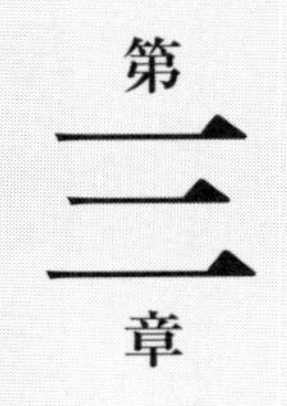

航空機

国際 キ76 三式指揮連絡機

シュトルヒに勝る性能で日本海の対潜哨戒に従事

第二次世界大戦前の1937年、日本陸軍航空隊は偵察機を用途別に分け、それぞれに専従の機体を開発して実戦配備した。敵戦線はるか後方で戦略目標の偵察任務を担う「司令部偵察機」、敵戦線近くの戦術目標の偵察と敵地上部隊への航空阻止任務を担う「軍偵察機」、そして敵味方が錯綜する最前線での戦術偵察と味方地上部隊への近接航空支援を担う「直協偵察機」だ。

なかでも最前線の現場と密接な連携が取れる直協偵察機は、万能機としてあらゆる場面で重宝された。しかし、中国大陸やノモンハンの戦闘で改善すべき点も明らかになったのだった。

当時の日本軍の無線装備では偵察機と地上部隊との音声通信が満足にできなかったので、通信筒を用いたり着陸して口頭での伝令が行われていた。そのため、前線の不整地をより短い距離で離着陸できる機体が望まれたのだ。今回紹介する三式指揮連絡機は、まさにそのために開発された機体である。

本機は1940年8月に、日本国際航空工業に対して一社特命で開発が発注された。一方で、陸軍航空隊はドイツからフィーゼラーFi156シュトルヒ連絡機の輸入を決定している。これはもちろん、国産機とシュトルヒを比較審査して、より優れた機体を装備したいという意向からだ。1941年5月に完成した試作機は、シュトルヒによく似た見た目をしていた。しかし、本機はシュトルヒに結果として似ただけであって、開発は日本国際航空工業技術陣の努力の賜物であった。シュトルヒの輸入機が日本に到着したのは1941年6月のことであり、日本国際航空工業の技術陣はシュトルヒの実物を見ることなく本機を

特徴的なフラップを下げた三式指揮連絡機。主翼前縁の固定スラットも確認できる

開発して見せたのである。これは大いに評価してよい。

1941年9月から、本機とシュトルヒの比較審査が行なわれた。本機はあらゆる面でシュトルヒを上回る性能を発揮し、その結果、三式指揮連絡機（三式連絡機とも）として制式採用を勝ち取ることになる。しかし、低速域での舵の効きの悪さが報告され、その改良に入ったことと、不整地でのSTOL（短距離離着陸）能力の審査を慎重に進めたため、開発完了と制式採用は審

SPEC

国際 キ76 三式指揮連絡機
Kokusai Ki-76 Liaison Aircraft Type3

全全幅	15.00m
全長	9.56m
全高	2.90m
自重	1,110kg
総重量	1,540kg
エンジン	日立 ハ42乙 空冷星型9気筒（280hp）
最大速度	178km/h
航続距離	750km
実用上昇限度	5,630m
固定武装	7.7mm機関銃×1
爆弾搭載量	100kg×2
乗員	3名

査開始から2年後の1943年12月まで長期化した。量産機の引き渡しも行なわれたが、本機を前線に送るには戦況が変わっていた。南方のジャングルの中では、本機の離着陸に必要な土地がないうえに、大陸戦線も連合軍が制空権を握るようになったため、本機を前線に送っても使い道がないという状況になっていたのである。そんななか、本機の特殊な飛行特性を活かした新しい使い道が発見された。対潜爆弾や爆雷を搭載して対潜哨戒機として使うことになったのである。

1943年12月に、本機に着艦フックを取り付けた機体を、陸軍空母（強襲揚陸艦）「あきつ丸」に搭載する試験が行われた。試験の結果は良好だったが、結局陸上からの運用に変更され、福岡県の飛行場に展開した対潜哨戒仕様の本機は、朝鮮半島と九州を結ぶ航路の哨戒を行なった。一方で、純粋に連絡機としても使われ、使い勝手の良さと整備性の高さを絶賛された。

第二次大戦後半の諸々の事情から、100機にも満たない数しか量産されなかった本機だが、秘めた能力を考えれば十分傑作機と呼べよう。なお余談ながら、本機については本書で艦艇の原稿を担当されている有馬桓次郎氏が執筆した航空冒険小説『ステラエアサービス』で、その特異な飛行特性が余すところなく描写されているので、一読をお勧めしたい。

ドルニエDo335プファイル

見た目は異形、性能は良好の串型双発戦闘機

第二次大戦におけるドイツ空軍の計画機は、戦後の航空技術の発展に寄与した例も多いが、ドイツの工業力の問題から戦時中に実用化されたものはほとんどなかった。こうした計画機の中で珍しく、量産化と実戦投入寸前まで進むことのできた機体が今回紹介するドルニエDo335プファイル（ドイツ語で「矢」の意）である。

本機の開発は、1942年にドイツ空軍が各航空機メーカーに求めた「速度800km／hを出せる高速単座爆撃機」の設計案が元になっている。程なくして空軍の要求は爆撃機から多用途重戦闘機に変更になったが、ドルニエ社は当初提出した設計案に若干の手直しをするだけで戦闘機に仕立て直すことができた。

本機の特徴は、何と言ってもエンジンを胴体の先端と後端に装備する串型双発形式を採用したことである。通常のレシプロ双発機はエンジンを主翼に装備するが、これではエンジンナセルが大きな空気抵抗源になる。串型にした場合、この空気抵抗を最小限に抑えられる上に、片発飛行になった場合の安定性が高いという利点もあった。ドルニエ社では、本機に串型双発形式を導入するに当たって小型の技術実証機を作り、この形式の有効性を確認していた。

本機は3車輪式となり、更に離着陸時に後部のプロペラが地面を叩かないように、脚柱を太く長いものにした。そのため、乗り降りする際には特別なはしごが必要となり、搭乗員からすると2階建ての家の屋根に上るような感覚だったという。また、操縦性を確保するために垂直尾翼は後端のエンジンの上下に分

けて配され、水平尾翼と合わせて尾翼は十字型となった。なお、緊急時に搭乗員が脱出する場合に備えて、後部プロペラと垂直尾翼は爆薬で吹き飛ばせるようになっており、操縦席には射出座席が導入された。武装はプロペラ軸内発射式の30㎜機関砲1門と機首上面の20㎜機関銃2挺で、胴体内爆弾倉も備えている。

1943年10月に試作機が完成して初飛行に成功し、この時は600㎞/hを出すことに成功している。操縦性にも特に問題なく、空軍による審査も順調に行なわれた。ところが、この審査の際に後部エンジンの冷却不良が発生し、その対策に追われたこともあって先行量産型が完成して飛行するのは1944年9月のこととなった。さらに、1944年3月には連合軍の空襲によってドルニエ社の主要工場が大被害を受けてしまい、本機の本格量産の準備が不可能となっており、本機の生産数は先行量産型の35機のみとなっている。もしも工場の疎開が上手く進んでいれば、本格量産もありえたかもしれず、惜しまれるところである。

本機は先行量産型による評価試験のみで終わってしまい、実戦には参加していない。それでも飛行試験中に敵機

原型機Do335V1。人物と比べると地上姿勢での操縦席の高さが分かる

Do335の先行量産機A-0型のうちの1機

に遭遇する機会があり、そこで本機はその高性能を遺憾なく発揮したという記録が残されている。1945年4月に、イギリス空軍のホーカーテンペストの部隊が飛行中に本機に遭遇して追跡したが、本機はその高速をもってやすやすと引き離して脱出に成功したという。この時イギリス空軍側には自由フランス空軍の撃墜王であるピエール・クロステルマン少佐（当時）がいたが、本機の印象が強く残ったのか、戦後に記した著作に本機に関する言及がある。

SPEC

ドルニエ Do335 プファイル
Dornier Do335A-0 "Pfeil"

全幅	13.80m
全長	13.85m
全高	4.55m
自重	7,400kg
全備重量	10,100kg
エンジン	ダイムラーベンツ DB603A-2（1,750hp）×2
最大速度	763km/h
航続距離	2,150km（最大）
武装	30mm機関砲×1 20mm機関銃×2
爆弾搭載量	1,000kg
乗員	1名

フォッケウルフFw189

「ウーフー」と呼ばれ愛された双発双胴の偵察機

1937年2月、ドイツ航空省はヘンシェルHs126の後継となる新型偵察機を計画し、国内の航空機メーカーから提案を募った。これにアラド社、ブローム・ウント・フォス社、フォッケウルフ社の3社が応じ、3社による競争試作が行われた。

競争試作では、まずアラド社のAr198が脱落し、ブローム・ウント・フォス社のBV141とフォッケウルフ社のFw189の対決となった。

1938年2月に初飛行したBV141の試作機は航空省の要求に沿った単発機であったが、胴体に乗員室がなく、その右舷側に独立した乗員室をもつ左右非対称の機体だった。一方、同年7月に初飛行したFw189はドイツ機では珍しい双発双胴形態で、左右の胴体の前部にエンジンナセルを、それを横につなぐ主翼の中央に乗員室を配していた。

全般的な性能はBV141がやや優れていたものの、空軍内では左右非対称機に対して強い抵抗があり、また双発機であるFw189の方が被弾時の生残性、汎用性に優れていると判断されたことから、Fw189が実質的な勝者となった。

Fw189はアルグスAs410A-1空冷倒立V型12気筒エンジンを2基搭載していたが、その最大出力は465hpと当時としても低めで、最大速度は344km/hに留まった。しかし、操縦性はクセがなく良好、何より乗員室の前後がほとんどガラス張りで全周視界がきわめて良好だったため、地上部隊と連携す

双胴双発形態のFw189

るための直協偵察任務に適していた。武装は7・92㎜機関銃を左右の主翼付け根に1挺ずつと乗員室後部の可動風防に1挺、計3挺を装備した(後に増備)。

Fw189は試作機3機につづいて増加試作機、先行量産型のA-0、本格量産型のA-1/A-2が発注された。ただし、当のフォッケウルフ社がより優先度の高いFw190戦闘機の開発・生産で手一杯となったため、同社でのFw189の生産は1941年中に引き渡された99機をもって打ち切られ、代わりにドイツ占領下のチェコ・アエロ社、フランスの

SPEC

フォッケウルフ Fw189ウーフー
Focke-Wulf Fw189 Uhu

全幅	18.40m
全長	11.90m
全高	3.10m
自重	2,690kg
総重量	3,950kg
エンジン	アルグスAs410A-1(465hp)×2
最大速度	344km/h
航続距離	940km
実用上昇限度	7,000m
固定武装	7.92㎜機関銃×3
爆弾搭載量	50kg×4
乗員3名	

※データはFw189A-1のもの。

SNCASO工場での生産に切り替えられた。

この肩代わり生産により生産計画に遅れが生じたため、Fw189の前線部隊への配備が本格化したのは1941春以降となった。Fw189はHs126に代わる偵察飛行隊の主力として主に東部戦線に投入され、地上軍を支援する〝空の眼〟として北はバルト海沿岸から南は黒海までの前線上空を飛び回った。夜間も偵察や捜索を行ったため、ドイツ語で「ワシミミズク」を意味する「ウーフー（Uhu）」という愛称がつけられた。1942年の秋までには、東部戦線にいる直協偵察機の半分以上がFw189となっていた。

前線部隊からの評価は高かったものの、本機が活躍できた期間は意外に短かった。1943年後半になるとソビエト空軍戦闘機の脅威が高まったため、Fw189のような低速の偵察機が単独で前線上空を飛び回るには危険な場面が多くなった。特に昼間の行動が制限されるようになったため、本機はより高速で重武装のBf109やFw190の偵察型にその任務を譲り、戦争が終わるまで連絡や負傷兵の輸送といった地味ではあるが欠かせない任務に就き、使命を全うした。

なお、ソ連軍は当機を「空飛ぶ額縁」と呼んだという。

1944年初頭、SNCASO工場のラインから最後の12機がロールアウトしたところでFw189の生産は終了した。総生産数は829機。この数はドイツ空軍の作戦機のなかでは少ない方だが、地上部隊の支援にあたる直協偵察機としては十分に多い数である。本機はドイツ以外にもブルガリア、ハンガリー、ルーマニアに少数が供与されて使用された。

斜め後方から見たFw189の左の胴体（ブーム）と乗員室

フィーゼラー Fi167

空母艦上機となるはずだった多用途機

第二次世界大戦勃発前の1935年、ドイツ海軍では再軍備の一環として空母建造計画がスタート。最初の1隻となる空母「グラーフ・ツェッペリン」が1936年12月に起工した。結局「グラーフ・ツェッペリン」は完成することなく1945年4月に自沈してしまうわけだが、空母にとって必要不可欠な艦載機の開発は「グラーフ・ツェッペリン」の起工と並行するように動いていた。今回紹介するフィーゼラーFi167は、グラーフ・ツェッペリン級空母搭載用の爆撃、雷撃、偵察を行う多用途艦上機である。

1937年、ドイツ航空省は艦載機の仕様を発表し、競争試作にアラド社のAr195とフィーゼラー社のFi167が応じる。Fi167のチーフデザイナーは、ラインホルト・メーヴェス技師で、彼は傑作機Fi156シュトルヒを世に送り出した確かな腕を持っていた。

メーヴェス技師は、Fi167を開発するにあたってFi156シュトルヒで用いられた工夫を本機にも凝らすことにした。全金属製複葉という、時代の端境期にあるスタイリングではあったが、上翼と下翼に自動前縁スラットを配置し、さらに下翼には強力な大型フラップを装備した。主脚は固定脚だったが、緊急時には空中投棄して逃げ足を速くする工夫がなされていた。

1938年の夏に原型1号機が完成し初飛行。Fi167の強みである離着艦性能以外にも、速度、上昇力、航続力などあらゆる面でAr195より優れていたため制式採用が決定した。その後1940年夏までには、先行生産型Fi167A-0が12機完成して実用訓練も始まっていた。

ところが、肝心の空母は完成のめどが立たず、それどころか戦況の変化により優先度が低下しており、ついには建造工事が中断されてしまう。併せて艦載機の製造もストップ。残されたFi167A-0×12機は空軍の「第167実験飛行隊」(Erprobungsgruppe167)に配備され、うち9機はオランダに送られて沿岸での試験に使われた。

1942年、空母の建造が再開するも、艦載機に関しては、より攻撃的な任務に向いたユンカースJu87Cで代替する案が浮上。旧態依然としたFi167に勝ち目はなく、ここで同機の量産化への道は閉ざされる。

1943年2月にはついに空母「グラーフ・ツェッペリン」の建造中止が決定。艦載機そのものが不要になってしまう。オランダで活動していたFi167もドイツに戻され、同盟国であったクロアチアに供与されることになった。

当時のクロアチアの戦局は、英米の支援を受けたチトー・パルチザンがほぼバルカン半島を席巻し、苦境に立たされている状況である。クロアチア空軍はFi167のSTOL性能と搭載量に着目、包囲されたクロアチア軍駐屯地への弾薬や物資の輸送に使用した。これは1944年9月の着任時から終戦まで続いた。

さらに1944年10月10日には、最大級の大金星を挙げることになる。この日、8機撃墜のエースパイロットであるボジダール・バルトロヴィチはFi167での輸送任務に就いていた。クロアチア中部のシサク近郊を飛行していたところ、イギリス空軍第213飛行隊のノースアメリカンP-51マスタングMk.Ⅲに遭遇、攻撃を受ける。ボジダールは頭部を負傷し機体は火を吹いたが、銃手のメイト・ユルコビッチが脱出前に1機撃墜を叫んだ。英国の記録でも、この時の戦闘でP-51が1機破損し、その後の不時着で大破

飛行するFi167。1938年撮影

している。これは複葉機による撃墜記録のうち最後期のもののひとつだろう。

本機は戦争終結とともに消えていったが、性能を発揮できる機会に恵まれればと思わせる隠れた傑作機である。

SPEC

フィーゼラー Fi167
Fieseler Fi167

全幅	13.50m
全長	11.29m
全高	4.80m
自重	2,800kg
全備重量	4,500kg
エンジン	ダイムラーベンツ DB601B (1,100hp)×1
最大速度	325km/h
航続距離	1,300km
固定武装	7.92mm機銃×2 (前方固定×1、後方旋回×1)
武装	爆弾500kg または750kg魚雷×1
乗員	2名

マーチン・ベイカーMB5

二重反転プロペラを搭載した英2000馬力戦闘機

第二次大戦末期、レシプロエンジンが極限にまで進化すると、「究極のレシプロエンジン戦闘機」が各国で開発されることになった。今回紹介するマーチン・ベイカーMB5は、イギリス空軍の「究極のレシプロエンジン戦闘機になり損ねた」機体である。

マーチン・ベイカー社はイギリス航空工業界では弱小のメーカーで、大メーカーの下請け生産や部品供給などで会社を存続させていた。それでも自社製の航空機の開発に意欲的であり、1930年代末期から自主開発で戦闘機を作ってはイギリス空軍に提案し、結局はねつけられることを繰り返してきた。とはいえ、それも無駄ではなく、空軍内部には同社の開発する戦闘機の革新的な部分を認める意見もあった。本機はそうした好意的な意見を踏まえて、1942年夏から開発作業が始まった。

本機はマーチン・ベイカー社が以前に開発した試作戦闘機MB3の設計と構造を流用し、これに強力なエンジンを装備することとなった。MB3と同じく、機体構造は鋼管製で、機体外板はモジュール式とされた。これにより被弾・損傷した場合に壊れた外板のみを取り替えれば良いようになり、整備性が向上するという利点があった。また、武装の20㎜機関砲（4門を装備）もガンパック式とし、パックの交換で機関砲の交換と弾薬補給を同時に行えるようにして、再出撃までの時間を短縮することができた。

エンジンは当時イギリスで最も強力な液冷エンジンであるロールスロイス グリフォンを装備することになったが、このエンジンのトルクのひどさはスピットファイアのグリフォンエンジン装備型で証明され

ていたため、二重反転プロペラを導入することでトルクを打ち消すと同時に、直進安定性を高めることにした。また、液冷エンジンに欠かせないラジエーターは、アメリカのP-51を参考にして胴体中央部下面に装備することになった。

こうして設計作業そのものは順調に進んだが、マーチン・ベイカー社は下請け生産に忙殺され、試作機の初飛行は1945年5月23日と、欧州大戦終結（5月8日）より後になってしまった。

ところが、その飛行性能は空軍の度肝を抜く素晴らしいものだった。最大速度、運動性、航続性能、整備性のどの項目でも本機は優良な成績を示し、空軍は大いに本機を気に入ったため、マーチン・ベイカー社も「制式採

SPEC

マーチン・ベイカー MB5
Martin-Baker MB 5

全幅	10.7m
全長	11.5m
全高	4.5m
主翼面積	24.3㎡
自重	4,188kg
全備重量	5,216kg
エンジン	ロールスロイス グリフォン83(2,340hp)×1
最大速度	740km/h(高度6,100m)
航続距離	1,770km
武装	20mm機関砲イスパノMk.Ⅱ×4
乗員	1名

用は間違いない」と踏んだ。

だが、事態は意外な方向に進むことになった。マーチン・ベイカー社にスーパーマリン社やホーカー社のような、「戦闘機納入の確かな実績」がそれまでなかったことが問題視された上、スーパーマリン、ホーカーの両社も強力なレシプロエンジンを搭載する戦闘機の受注を巡って、巻き返しを図ってきたのである。その上、ジェット戦闘機の本格的な実用化が追い討ちとなり、本機の立場をさらに悪くしてしまった。

結局、本機は制式採用されることなく、1946年に開かれたファーンボロー航空ショーで最後の晴れ姿を見せた後、歴史の中に消えていった。ところが近年、アメリカで毎年開かれているリノ・エアショーで、復元された本機が地上展示され、2010年にはタキシングする姿も公開された。

マーチン・ベイカー社は本機の開発を最後に飛行機の開発そのものから手を引き、その代わりにジェット機時代に欠かせない装備となる射出座席の開発に乗り出した。現在ではこの分野でトップクラスのメーカーとして存続している。

フェアリー フルマー

米製艦上戦闘機の導入まで凌いだイギリスの鷗(フルマー)

イギリス海軍は世界に先駆けて空母を実用化させたにもかかわらず、1930年代後半に近代的艦上機の開発に手間取り、この点においては、同時期に空母戦力を増強させていた日米海軍に大きく遅れをとっていた。これはヨーロッパ方面の仮想敵国であったドイツの海軍が空母を有していなかったことも理由の一つである。

1939年9月に第二次大戦が勃発した時、イギリス海軍艦隊航空隊の主力艦上戦闘機は、複葉固定脚という古めかしい設計のグロスター シーグラディエーターであった。このため海軍は、空軍の主力戦闘機を艦上戦闘機に改造したシーハリケーン、シーファイアの配備と、アメリカからグラマンF4Fワイルドキャット艦上戦闘機の購入を急いだが、それらが就役するまでのつなぎ役の戦闘機が必要になった。今回紹介するフェアリー フルマーは、このつなぎの役目を担った艦上戦闘機である。

本機は元々、空軍向けに開発されたフェアリー バトル軽爆撃機の派生型で、外観はバトルに酷似している。機体サイズは全幅14m、全長12m、全備重量4・3トンと艦上戦闘機としては大型で、ロールス・ロイス マーリンエンジン1基を搭載する複座機であった。特筆すべきは、英海軍の全金属製単葉機としては初めて主翼の折りたたみ機構を有していたことで、フラップを上方に跳ね上げ、外翼部を後方にたたむことで全幅を約6・5mに縮めることができた。武装は7・7㎜機関銃を左右の主翼に4挺ずつ計8挺装備した。

フルマーの試作機は1940年1月4日に初飛行した。テスト飛行での最大速度は398km／hにとどまり、これは当時の日米の艦上戦闘機からすれば見劣りする性能であったが、急場を凌ぎたい海軍は制式化を決め、同年5月から生産が開始された。なお、「フルマー」は英語でフルマカモメを意味する。

1940年夏から実戦飛行隊に配備され始めたフルマーは、通常、空母1隻当たり12～18機が搭載され、主に地中海方面で船団護衛任務に就いた。当初は、相手が主にイタリア空軍爆撃機や雷撃機だったため、速度や運動性が芳しくない本機でもどうにか戦い得たが、1941年に入ってこの戦線にドイツ空軍機が進出してくると、苦戦を強いられるようになった。

狭い地中海方面では、陸上基地から単発戦闘機を飛ばしてもさほど問題なく敵船団に接触できるため、船団護衛に就くフルマーがドイツ空軍のBf109（この時期には増槽を取り付けて航続力を延ばしていた）、イタリア空軍のフィアットG.50やマッキMC.200といった単発戦闘機に遭遇した場合、多大な損害を被ることとなった。

フルマーは最終的に20個の海軍飛行隊に配備されたが、1942年に入りアメリカから供与されたグラマンF4Fが「マートレット」として配備され始めると次第に数を減らし、1943年には第一線を退いた。

ちなみに本機は、インド洋方面で日本海軍航空隊とも戦っている。1942年4月、日本海軍の空母機動部隊がインド洋方面に現れた際、本機はセイロン（現在のスリランカ）防空のため空軍のハリケーンと

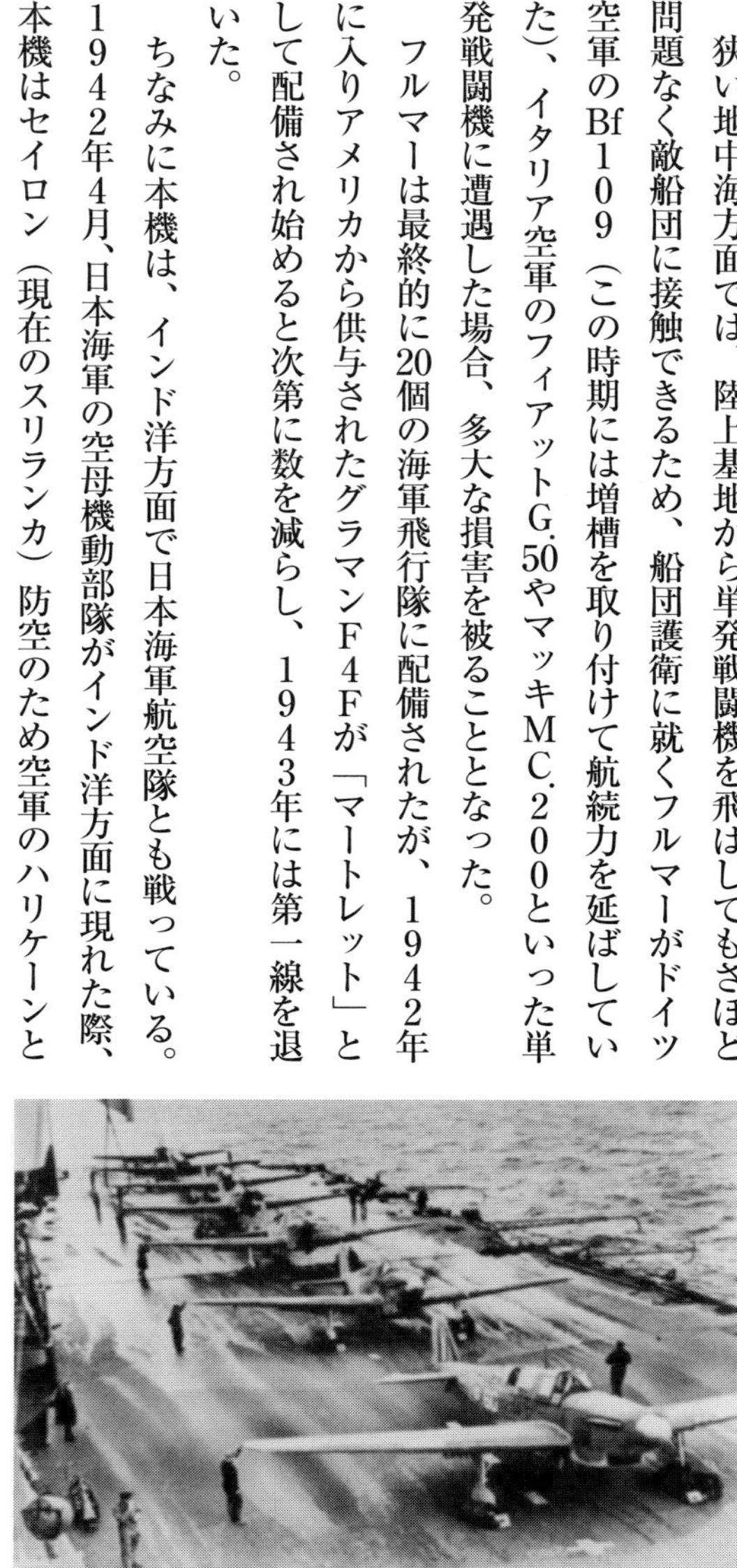

空母ビクトリアス艦上のフルマー

マーリンⅧエンジンを搭載した最初の生産型フルマーMk.Ⅰ

ともに迎撃任務にあたったが、零戦が相手ではまったく良いところはなく被害続出であった。

フルマーの生産型には、マーリンⅧ（1080hp）搭載のMk.Ⅰとマーリン30（1300hp）搭載のMk.Ⅱがあり、両型合わせて600機が生産された。なお、フルマーMk.Ⅱのうち約100機はAⅠMk.Ⅳ機上レーダーを装備する夜間戦闘機に改造され運用された。

あまり目立った活躍をした機種ではなかったが、つなぎとしての役目は十分果たしたといえる。

SPEC

フェアリー フルマー
Fairey Fulmar carrier-borne Figher

全幅	14.13m
全長	12.24m
全高	4.27m
自重	3,182kg
総重量	4,387kg
エンジン	ロールス・ロイス マーリン30（1,300hp）×1
最大速度	438km/h
航続距離	1,260km
実用上昇限度	8,300m
固定武装	7.7mm機関銃×8
爆弾搭載量	113kg×2
乗員	2名

※データはフルマーMk.Ⅱのもの。

サンダース・ローSR.A／1

航空下請けメーカーが挑戦したジェット戦闘飛行艇

「戦闘飛行艇」という機種は、第一次大戦でイタリアとオーストリアが主に使用し、大戦終結後の1920年代終わりまでイタリアで細々と開発と実戦運用が行なわれ、そのまま1930年代の陸上機の大躍進によって消えていった。ところが、第二次大戦後のイギリスで、ジェットエンジンを装備した戦闘飛行艇が試作されたことがある。今回紹介するサンダース・ローSR.A／1は、世界最後の戦闘飛行艇として試作されたものである。

本機の開発は、まだ第二次大戦中の1944年にサンダース・ロー社がイギリス空軍に対して本機の開発を提案したところから始まった。サンダース・ロー社は、元々スーパーマリン社の下請け生産メーカーとして、ウォーラス小型飛行艇やシーオッター水上偵察機の生産を請け負っていた。そうした中で水上機や飛行艇の生産技術の蓄積につとめて、そして太平洋戦線での日本海軍による水上戦闘機の効果的な運用に関する記録を調べた結果、「将来、ジェットエンジンを装備した水上戦闘機が空軍や海軍航空隊で必要になる」と判断し、前述の自主開発の提案となった。空軍は本機に興味を示し、試作機の開発を許可した。

これを受けてサンダース・ロー社では、形態としては完全に戦闘飛行艇と呼べる機体を設計・開発する。これは、「従来のプロペラ機の延長で水上機を設計すると、フロートが空気抵抗源になる。それを減らすには、機体そのものをフロートとする飛行艇形態が望ましい」という判断によるものである。ただ、胴体のみによる離着水では安定を欠くため、主翼の翼端には補助用の引き込み式フロートが装備された。これ

らの方針には相応の理があったものの、別の要因が本機の完成を遅らせてしまう。サンダース・ロー社では、自社でゼロから航空機を開発した経験がなかったため、作業全般に遅延が生じてしまった。どうにか試作機が完成したのは、最初の提案から3年後となる、第二次大戦も終わった1947年6月だった。空軍による飛行試験は1947年7月から開始された。しかし、元々胴体が太い飛行艇形態では、陸上機に比べて鈍重で速度も劣っていた（最大速度824km

SPEC

サンダース・ロー SR.A/1
Saunders-Roe SR.A/1

全幅	14.02m
全長	15.24m
全高	5.11m
自重	5,108kg
全備重量	7,257kg
エンジン	メトロポリタン＝ヴィッカース ベリル MVB.2ターボジェット（推力1,746kg）×2
最大速度	824km/h
航続距離	1,920km
武装	イスパノMk5 20mm機関砲×4、1,000ポンド（454kg）爆弾×2
乗員	1名

／hが記録されたが、同時期の陸上ジェット戦闘機よりはるかに遅かった）。そのため空軍は本機に対する関心を失ってしまう。飛行試験そのものは1950年の終わりまで続いたが、これもジェット水上機の研究程度に過ぎなかった。3機の試作機は、いずれも破棄されたものと思われる。

こうしてサンダース・ロー社の挑戦は終わった。同社に付きまとう不運として、「自社製の機体は必ず失敗する」というものがあった。第二次大戦後の民間航空再開に合わせて同社が開発したプリンセス大型飛行艇も、ほんの短い期間使用されたのみで退役してしまった。長距離旅客飛行も陸上機の時代に入っており、飛行艇の時代は終わっていたのである。他にも同社は空軍に対して後に陸上ジェット戦闘機の開発を提案するが、よその会社に負け続ける。あげくの果てに、1960年代に始まったイギリス航空産業の再編成により、同社は消滅することになった。

本機は、始めから運がなかったとしか言いようがない不遇の機体として終わってしまった。なお、ジェット水上戦闘機は1950年代にアメリカ海軍がコンベア社にシーダートという尖った機体（超音速ジェット水上戦闘機）を開発させて、そこで歴史が終わることになるが、それは別の機会に紹介したい。

下から見上げた飛行中のSR.A/1

デ・ハヴィランドDH.89ドミニ

木製羽布張り固定脚のご長寿輸送機

第二次世界大戦のイギリス空軍で活躍した木製万能双発機であるモスキートを生んだデ・ハヴィランド社は、ほかにもイギリス空軍の戦力向上に貢献した木製機を開発・生産していた。今回紹介するデ・ハヴィランド「ドミニ」は、地味ながらも堅実に働いた木製機のひとつである。

本機は1933年にローカル線向けの旅客機として開発が開始され、翌1934年4月に初飛行を迎えた。当初は「ドラゴン・シックス」と名付けられたが、「ドラゴン・ラピード」に改称して同年夏に販売開始、のちには単に「ラピード」と呼ばれるようになった。

デ・ハヴィランド社お得意の全木製構造で、さらに固定脚かつ複葉という造りは、全金属製単葉構造が花開いた時代においては古めかしいものに思われた。

ところが、合板製でありながら耐久性が高く、頑丈な固定脚と複葉による高い短距離離着陸(STOL)能力を持つ本機は、たちまちベストセラーとなり、イギリスのみならずヨーロッパ各国でも売れた。当時のローカル線空港は、アメリカのように立派なコンクリート舗装と長い滑走路を持つところが多くはなく、そうした事情も売れ行きを後押ししたのかもしれない。ラピードは1930年代に製造された英国製民間機のなかでもっとも成功を収めたもののひとつになった。

軍用輸送機としての初の実戦投入は輸出先のスペインで、1936年からの内戦で当事者双方が本機を使用した。1939年9月に第二次世界大戦が勃発すると、ただちにイギリス空軍が制式採用。1940

年5月から6月のフランス侵攻では、ラピードがイギリス~フランス間の物資輸送を行った。

1941年11月にラピードの生産が終了すると、自社製の空冷倒立直列6気筒エンジン「ジプシー・シックス」(200hp)から同エンジンの軍用バージョン「ジプシー・クイーン」(200hp)に換装した「ドミニ」が多数生産され始め、徐々に更新されていくことに。イギリス空軍ならびにイギリス海軍において「ドミニMk.I」の名称で、洋上航法と無線通信の訓練機として使用された。続いて、戦線後方の輸送および連絡を担当する「ドミニMk.II」が就役。どちらの任務でも非常に高い評価を得ている。さらに、後部座席の代わりに担架を積めるようにした患者輸送機も作られて、各戦線で好評を持って迎えられた。

ドミニは木製構造で大規模な工場設備を必要としないため、モスキートの量産に忙しくなったデ・ハヴィランド社ではなく、鉄道車輌やバスを製造していたブラシ・コーチワークス社で量産された機体も多い。1946年7月の生産終了までに、ラピード、ドミニの各型合わせて計727機が生産されているが、そのうちの約半数がブラシ・コーチワークス製である。頑丈で使いべりのしない本機は、戦争終結まで黙々と働いた。

驚くのは第二次世界大戦終結後である。大量の本機は民間に払い下げになったが、一部はイギリス空軍に残って連絡機

英空軍の輸送部隊に所属していたDH.89

コッツウォルド空港のエアショーで飛行する
ドラゴン・ラピード。2007年撮影

の任務を継続したほか、パラシュート降下訓練に使う軽輸送機として、なんと1980年代まで空軍に籍を置いていた機体もある。イギリスの物持ちの良さは一級品であるが、本機もそのひとつとなったわけである。現在は民間で飛行可能状態を維持したものが、世界各地で大切に保管されている。

戦前から戦後までの長きにわたって飛び続けたドミニは、旧式機であっても使い道次第で大いに活躍できることを示した好例と言えるだろう。

SPEC

デ・ハヴィランド DH.89ドミニ
de Havilland DH.89 Dominie

全幅	14.63m
全長	10.52m
全高	3.12m
自重	1,465kg
全備重量	2,495kg
エンジン	デ・ハヴィランド ジプシー・クイーン(200hp)×2
最大速度	253km/h
航続距離	930km
実用上昇限度	5,100m
固定武装	—
乗員	1名
収容人数	8名

リオレ・エ・オリビエ LeO 451

ドイツ軍と戦った、第二次大戦の仏空軍高速双発爆撃機

第一次大戦当時、フランスはまごうことなき航空先進国であった。ところが大戦終結後、国内の政変や混乱による航空産業も含めた全ての産業の不振、また国防予算の削減（なけなしの国防予算はマジノ線の構築に充てられた）などもあり、空軍の旧式装備の更新もままならなかった。そうした中で１９３０年代半ばに隣国ドイツがまたも軍事的脅威になったため、あわてて新型機の開発を始めることになる。今回紹介するリオレ・エ・オリビエＬｅＯ４５１は、そうした大混乱の中で第二次大戦勃発に間に合った、フランス空軍にとって数少ない近代的爆撃機である。

本機は１９３６年にフランス空軍が各航空機メーカーに発した、中型双発爆撃機の発注仕様書に基づいて生まれた。当時リオレ・エ・オリビエ社はこれと言った仕事がなく、本機の開発に社運を賭ける形となった。ヨーロッパでの新たな大戦争の機運が高まっていたこともあり、本機はかなりの突貫作業で試作機が作られ、１９３７年1月に初飛行し、空軍に審査のために引き渡された。ところが問題はここからだった。本機はリオレ・エ・オリビエ社にとって初めて全金属製単葉・引き込み脚・フラップの3つを取り入れた機体だったため、まだ技術的に未消化の部分が残っていた。尾翼（本機は双尾翼形式を採用していた）が原因の離着陸の難しさはただ事ではなく、またイスパノスイザ社製のエンジンの過熱がひどく、この2点の改善が求められた。試作機による飛行試験は37年8月まで行われ、その間に設計変更などの改良措置を行なった。すると飛行性能は見る間に改善され、最大速度４６５km／hを記録。これは１９３０年代後

半の段階では相当に高速だった。またエンジンの過熱問題も38年までに解決を見た。空軍は本機の採用を決定し、37年11月から量産が開始された。
ところが1938年10月、イスパノスイザ社が戦闘機用エンジンの供給で手一杯のため、エンジンをノームローン社製のものに変更することになる。量産段階でのエンジンの変更は生産工場での混乱を招くことになり、量産機の空軍への引渡しが遅れる原因となってしまった。さらに、政府が航空産業の国営化を進めたため、ますます量産作業が遅れることになる。こうして量産型の配備は

SPEC

リオレ・エ・オリビエ LeO 451
Lioré et Olivier LeO 451

全幅	22.52m
全長	17.17m
全高	5.24m
自重	7,530kg
最大離陸重量	11,400kg
エンジン	ノームローン 14N38/39(1,030hp)×2
最大速度	495km/h
航続距離	2,300km
武装	20mm機関砲×1 7.5mm機関銃×2
爆弾搭載量	最大2,000kg
乗員	4名

１９３９年7月まで遅れてしまった。仮想敵国ドイツは、ハインケルHe１１１、ユンカースJu88、ドルニエDo17といった優れた双発爆撃機を既に多数装備していたのに比べて、埋めることのできない差が開いてしまっていた。結局、第二次大戦が勃発する１９３９年9月の段階でも本機はまだ実用訓練中で、40年5月にドイツ軍が西方電撃戦を開始した時には、約２００機が完成した中で実戦に耐えるものは94機という有様だった。それでも本機は奮戦し、ドイツ軍が早々に占領したオランダの他、ドイツ本土やイタリア本土への爆撃任務に投入された。しかし制空権を完全にドイツ空軍に握られていたため、多くの機体が失われている。

リオレ・エ・オリビエ社は戦闘開始後も本機を量産し続けたが、40年6月にフランスが休戦した時点で、１７８３機の発注に対して４５２機しか完成しなかった。この中には、アメリカのプラット&ホイットニー社製エンジンを装備した性能向上型も含まれている。休戦成立後、本機はヴィシー・フランス空軍での使用が認められ、１９４２年には１０９機が再生産されてドイツ空軍とイタリア空軍で輸送機として活用された。

44年にフランスが連合軍によって解放されると、残存していた本機は新生フランス空軍が使用し、エール・フランス航空にも輸送機として提供された。戦後も輸送機として活用され、57年に全機退役している。

コードロン ゴエラン

独・英両軍で高く評価されたフランスの鴎（ゴエラン）

１９３９年の第二次大戦勃発時、フランス空軍の装備する飛行機は一部の戦闘機と爆撃機を除いて、旧態依然としたスタイリングのものが多かった。そんな中で、数少ない近代的スタイリングを持ち、またそれに見合う高性能を発揮した多用途機として活躍したのが、今回紹介するコードロン ゴエラン（ゴエランはカモメの意）である。

本機は元々、１９３４年に開発された民間向けの軽輸送機である。乗員2名（機長と副操縦士兼通信士）は並列複座で着席し、その後方に最大6名までの乗客と若干の貨物を乗せることができた。特筆すべき点として、軽輸送機でありながら長距離飛行に備えたトイレが常設されていたことである。機体そのものも全金属製単葉構造と引き込み脚、フラップを装備した当時の最先端の技術を投入して造られた。

エンジンは２２０馬力のものを双発で装備したが、こうした低出力でありながら最大速度は３００km／hを超えていた。同時代のフランス空軍の爆撃機の多くが、「第一次大戦から抜け出してきたような」スタイリングであったことを考えると、これは雲泥の差であった。本機は空軍の注目するところとなり、大型機の乗員訓練と連絡任務用に制式採用が決定した。空軍でもようやくにして、近代的な爆撃機の開発が始まっていたため、本機のような機体はそうした新時代の爆撃機に搭乗員を慣れさせるのに必要不可欠とされたのである。

ところが、本機で訓練を受けた搭乗員が乗るべき近代的な爆撃機の整備が遅れたこともあり、１９３９

年9月に第二次世界大戦が勃発し、それに続く40年5月のドイツ軍による西方電撃戦に対し、本機で訓練を受けた搭乗員が活躍できる場はほとんどなかった。

第二次大戦に突入した後も、本機は主に後方任務に就いていたことが幸いして、ほとんど失われることがなかった。本機はヴィシー・フランス空軍に残留が許された上に、ドイツ空軍とルフトハンザ・ドイツ航空が乗員訓練と輸送任務に使うために一部を接収した。こうした任務の他、機内に担架を設置できるように改修された本機が患者輸送機としても使われた。

ドイツ空軍でも本機の評価は高く、「捕獲使用した外国機の中でも優れた機体の1つ」とされた。そのためドイツ占領下のフランス国内の工場で、本機の製造が許されたほどである。一方で、本機は連合国への亡命飛行にも多数が使用され、渡った先のイギリスやイギリス領の海外領土で自由フランス空軍やイギリス空軍の連絡機として働き、これまた高い評価を得た。敵味方双方から高い評価を得たというのは、本機の完成度の高さを示している。

1944年6月に連合軍がフランスに上陸して、9月までにフランス本土を解放すると、本機は自由フランス空軍向けに生産を再開することになった。生産は第二次大戦が終結した後もしばらく続けられ、1940年代終わりに生産が終了した。戦前からの生産機数を合わせると本機は約1700機が製造されたことになっているが、戦時中の生産体制については実のところよくわかっていない。本格的な爆撃機搭乗員訓練用に、機首をガラス張りにして爆撃照準機を設けたものや、偵察機として使用するためカメラを装備したものがあるとされている。

本機は戦後、新生フランス空軍の他にエールフランス航空やベルギーのサベナ・ベルギー航空でも使用され、フランス空軍から最後の本機が退役したのは、なんと1960年代終わりごろだった。それだけ本

スペイン郵政航空で運用されたコードロンC.448 ゴエラン。C.448は過給機付きエンジンを搭載したタイプで、7機が生産された。なおその他の主なサブタイプは、原型機のC.440（3機生産）、ルノー6Q-01エンジンを搭載したC.441（4機）、左右のプロペラが逆に回転するC.444（17機）、C.444の外翼上反角を大きくしたC.445（114機）、C.445の軍用型のC.445M（404機+ドイツ軍向けが相当数）、戦後生産されたC.445/3（510機）、救急搬送用のC.447（31機）、最終生産型のC.449（349機）などがある（Ph/LAPE）

機の使い勝手が良かった証拠である。本機は隠れた傑作機と評価して差し支えないだろう。

SPEC

コードロンC.445M ゴエラン
Caudron C.445M Goéland

全幅	17.59m
全長	13.68m
全高	3.40m
主翼面積	42㎡
自重	2,292kg
全備重量	3,500kg
エンジン	ルノー6Q（220hp）×2
最大速度	300km/h
航続距離	1,000km
乗員	2名
乗客	6名

スホーイSu-2

第二次世界大戦の戦場を飛んだ唯一のスホーイ機

21世紀の今日、ロシアのスホーイ社はSu-27/30/35フランカー・シリーズの生産やSu-57ステルス戦闘機の開発・製造で航空業界をリードしているが、まだスホーイ設計局であった頃の第二次大戦以前は、なかなか成功作に恵まれずに苦心していた時期があった。今回ご紹介するSu-2は、スホーイ設計局が第二次大戦において唯一実戦投入することができた軽爆撃機兼偵察機である。

本機は元々ツポレフ設計局で設計された機体で、1937年8月25日に試作機ANT-51が初飛行したが、搭載するシュベツォフM-62空冷エンジン（800hp）の出力不足がたたって満足な性能が得られなかった。

そしてちょうどこの時期、主設計者のツポレフ技師がいわれのない罪に問われて強制収容所に送られ、ツポレフ設計局が一時その活動を停止したため、ツポレフの右腕的存在で、1939年9月に独立して自身の名を冠した設計局を立ち上げていたパーヴェル・スホーイが設計・開発を引き継ぐことになった。

スホーイ設計局は、改良のためANT-51の改設計を行ったが、機体構造自体はツポレフ設計局でほぼ完成していた設計にしたがっていた。全金属製の機体に引き込み脚という1930年代後半に登場した設計手法をすべて取り入れ、爆弾は胴体内の爆弾倉に収めることで飛行中の空気抵抗を低減するようになっていた。

胴体後上方に旋回銃座を装備し、後下方にも引き込み式の銃架を装備していた。結果として機体重量が

降着装置にスキーを装着したSu-2

3トンを超える大柄なものとなってしまい、適切なエンジンを探しつつ、機体重量を減らす努力が求められた。

スホーイ設計局は、やむなく爆弾搭載量を減らすことで重量を軽減し、また最初の試作機より高出力のツマンスキーM-87空冷エンジン（950hp）を搭載できる目途が立ったため、1939年にようやく改良を施した試作機Sz-3を完成させることができた。1000馬力級のエンジンが使えたことで飛行性能は大幅に改善し、最大速度468km／hを記録した。また爆弾倉に爆弾400kgを搭載できる以外に、翼下に追加の爆弾やロケット弾を搭載することが可能になった。こうした性能に満足したソ連空軍は、1940年に本機をSu-2として制式採用し、量産が決まった。

だが問題はここからだった。量産機の搭載エンジンが予定した性能を

SPEC

スホーイ Su-2
Sukhoi Su-2 Light bomber and reconnaissance aircraft

全幅	14.3m
全長	10.46m
全高	3.94m
自重	3,220kg
全備重量	4,345kg
エンジン	ツマンスキー M-87（950hp）または同M-88（1,100hp）×1
最大速度	486km/h
航続距離	910km
武装	7.62mm機関銃×6
爆弾搭載量	400kg
乗員	2名

発揮できず、飛行性能は試作機よりかなり低下してしまった。そのためエンジンをより高出力のM‐88（1100hp）に変更したが、今度はエンジン自体の重量がかさみ機体がさらに重くなってしまい、根本的な改善につながらなかった。ただ、当時地上攻撃機の本命とされたイリューシンIℓ‐2攻撃機がまだ十分な量産体制になかったため、本機がその穴埋めとされた。

1941年6月に独ソ戦が始まると、Su‐2はロシア南部に集中配備され、進撃してくるドイツ軍を迎え撃った。しかし件の低性能のため戦果以上に損害の方が大きかった。それでも本機は1942年まで戦い続け、Iℓ‐2の生産が軌道に乗って前線に行き渡るようになったところで第一線任務を解かれ、後方での連絡任務や訓練に使われて大戦終結まで細々と生き残った。

結局、期待された性能を発揮できなかったSu‐2の生産数は、893機（異説もあるが、いずれも約900機）にとどまった。それでも、第二次大戦という特殊な状況下で「戦力になりそうなものは何でも使う」という空軍の考えに助けられたといえよう。

なお、1942年にはエンジンをツマンスキーM‐90に換装し、武装を7・62㎜機関銃×6挺から12・7㎜機関銃×2挺、7・62㎜機関銃×4挺に強化した発展型Su‐4も計画されたが、1機のみの試作に終わっている。

カーチス・ライトCW-21デーモン

軽量単発、一撃離脱タイプの〝輸出向け〟迎撃機

今回紹介するカーチス・ライトCW-21は、1930年代後半にアメリカで開発され、第二次大戦で実戦に投入された数少ない「輸出を前提にした中小国向けの戦闘機」である。

本機の開発は1938年にカーチス・ライト社で開始されたが、当初から米軍向けではなく輸出向けの機種という位置づけであったため、P-36やP-40といった機種を開発・製造した本社の航空機部門ではなく、セントルイスの航空機部門が開発に当たった。そのためCW-21は同社製の他の戦闘機との技術的つながりが薄い。

セントルイス航空機部門の長ジョージ・ペイジが目指したのは、敵爆撃機を効果的に迎撃できる優れた上昇力を備えた軽量の単発戦闘機というもので、敵戦闘機に遭遇した場合は格闘戦を行わず、離脱して戦闘を回避することを想定していた。設計作業はセントルイス部門が設計したCW-19複座多用途機を元にするかたちで進められ、完成した試作機は1938年9月22日に初飛行した。

CW-21は全金属製の低翼単葉機で、エンジンは自社製の「サイクロン」空冷エンジンの1000馬力型が搭載され、主脚は90度回転して主翼下に引き込まれる形となった。武装は12・7㎜機関銃と7・62㎜機関銃を最大2挺ずつ組み合わせて機首に装備された。これは大戦中の米軍戦闘機の標準である12・7㎜機関銃6挺に比べると弱武装だが、当時は輸出用という事情を考えると十分であるとされ決着を見た。国から海外への販売が許可されると、本機は積極的に海外への売り込みが図られることになった。

最初の引き合いは、日本と交戦中の中華民国空軍からだった。精強な日本陸海軍航空隊に押されていた同国空軍は、とにかくすぐに実戦投入できそうな軍用機を求めて世界中で買い付けを行っており、本機もその中に入ることになったのである。

1939年5月に結ばれた契約に基づき、カーチス・ライト社は完成機3機と、国民党支配地域で組み立て・生産をするための27機分のキットを引き渡した。だが完成機3機はラングーン到着後の空輸の際に墜落事故によって失われ、27機分のキットも実際に組み立てが行われたのは42年以降にずれ込んでしまった（その後の詳細は不明）。

次に本機を採用したのはオランダ空軍で、本国ではなくオランダ領東インド（蘭印、現在のインドネシア）の防空用に24機を購入した。この24機は主脚の引き込み方式を変更した改良型のＣＷ‐21Ｂで、ジャワ島のバンドンで組み立てられ、同地の第Ⅳ飛行隊に配備された。

1941年12月に日本が参戦すると、本機は蘭印防空のために戦うことになった。だが、相手が悪すぎた。この方面に進出してきた日本海軍航空隊（陸上基地航空隊）の零戦隊は一騎当千の強者ぞろいであった上に、本機の性能は上昇力を除けば零戦に比べはるかに劣った。第Ⅳ飛行隊は零戦と交戦したが、ろくな戦果をあげることなく返り討ちにあっている。42年2月に実際に本機は42年中に4機の日本機の撃墜を報告したものの、装備機のほとんどを空戦または地上で撃破されて失った。

なお、後にこの方面に進出してきた日本陸軍が、地上で飛行可能状態にあった本機を4機捕獲し、補用部品が無くなる44年まで連絡機や練習機として使用した。飛行機としての素性はそれほど悪くなかったという事だろう。

ＣＷ‐21は各型あわせて62機の量産で終わった。結局のところ、本機のような低性能の機体では、第二次大戦の熾烈な航空戦を戦い抜くのは無理な話だったと言える。

オランダ空軍のCW-21B列線

SPEC

カーチス・ライトCW-21デーモン
Curtiss-Wright Model21B Demon

全幅	10.66m	全長	8.29m
全高	2.48m	主翼面積	16.19㎡
自重	1,534kg	全備重量	2,041kg
エンジン	ライト・サイクロンR-1820-G5(950hp)×1		
最大速度	505km/h	航続距離	1,014km
武装	12.7mm機関銃×2、7.62mm機関銃×2		
乗員	1名		

カーチスXP-55アセンダー

推進式・エンテ翼形状のアメリカ版〝震電〟

第二次世界大戦で使用されたアメリカ軍の戦闘機は、双胴双発形式を採用したロッキードP－38とノースロップP－61を除くと、レシプロ戦闘機として常識的なデザインを採用していた。その一方で1940年代に入ると、「常識的なデザインでは、レシプロ戦闘機の性能向上は頭打ちになるのではないか」という考えが航空業界に入ってきたのも事実である。今回紹介するカーチスXP－55アセンダーは、奇抜なデザインを採用したがゆえに失敗に終わってしまった戦闘機の1つの例である。

本機の開発は1940年に、アメリカ陸軍航空隊がそれまでの常識にとらわれない形で高性能を追求した戦闘機の開発を求めたところから始まった。当時カーチス社ではP－36、P－40戦闘機を開発・製造していたが、この2機種は堅実で使い勝手が良い反面、取り立てて優れた性能があるわけではなかった。そこでカーチス社では、当時としては革命的な先尾翼形式を採り入れることにしたのである。

1940年6月に設計図が完成して陸軍航空隊に提出すると、前例のない先尾翼形式の戦闘機ということで、陸軍航空隊はまず模型を作って風洞実験をするように命じた。この風洞実験の結果はあまり芳しいものではなかったが、カーチス社では先尾翼形式を実際に形にして飛行試験をするため、本機の半分の大きさで技術実証機を作ることにした。

この技術実証機による飛行試験をみっちり行なうことで、本機を開発する際に必要な知見を得ることができた。方向安定性に問題は見つかったものの、垂直尾翼を適切に仕上げれば問題ないという結論を得た

飛行試験を行うXP-55。小翼（カナード）が機首付近にある先尾翼機（前翼機/エンテ翼機）で、2年後に初飛行を行った日本海軍の震電とよく似た形状だが、小翼や垂直尾翼の面積が震電より小さく、見た目通り安定性に劣った

カーチス社は、1942年7月に本機の開発作業を行なう許可を得ることができた。

ところが、本機はエンジンの選定に難航する。当初プラット&ホイットニー社が開発していた最大出力2200馬力の空冷エンジンであるX1800エンジンを装備する予定であった。ところが諸々の都合からこのエンジンは開発作業が中止されることになってしまい、やむなく性能が落ちるアリソン社製の1300馬力V-1710液冷エンジンを装備することになった。本機

SPEC

カーチスXP-55 アセンダー
Curtiss XP-55 Ascender

全幅	12.37m
全長	9.02m
全高	3.05m
主翼面積	21.8㎡
自重	2,882kg
全備重量	3,497kg
エンジン	アリソンV-1710-95 V型12気筒ガソリンエンジン (1,275hp)×1
最大速度	630km/h(5,900m)
航続距離	1,022km
固定武装	12.7mm機関銃×4
乗員	1名

の試作機は1943年7月に完成して19日に初飛行、直ちに飛行試験が開始された。試験の結果は、実に頭の痛いものとなった。技術実証機の際に問題となっていた方向安定性の不良ぶりがまたも露呈し、「離陸した瞬間から、何が起きるかわからない」という状態になってしまった。

カーチス社では思いつく限りの改善策を採り入れたが、この試作1号機は1943年11月に墜落事故を起こして失われてしまった。それでもカーチス社は落胆することなく、1944年に2機の増加試作機を製造してテスト飛行を続行することにした。この増加試作機には更なる改善策を導入したため、もう少し期待の持てる性能が出るはずだった。

ところが方向安定性は一向に改善されず、エンジン出力の都合から最高速度は628km/hにとどまってしまった。これではリパブリックP-47やノースアメリカンP-51と比べて、良いところは1つもないという残念な話になる。結局、米陸軍航空軍はカーチス社に対して、本機の開発作業の中止を通告し、本機の幕はここで閉じることになった。仮にエンジンが当初予定していたものを装備できていたとしても、方向安定性の問題を解決するめどが立たなかった以上、本機は大成できなかったものと思われる。

本機は残念な結果を迎えたが、スタイルの面白さ・奇抜さから意外に人気があり、プラモデルが発売されたり、また架空戦記やゲームで登場することも多い。

ノースロップＹＢ-49
ノースロップ社が入魂で挑んだ全翼ジェット爆撃機

現在アメリカ空軍が運用しているノースロップ・グラマンＢ-２爆撃機は、軍用機として実用化されたほぼ唯一の全翼機である。このＢ-２に至るまでの間も、ノースロップ社では社長のジャック・ノースロップをはじめとして開発陣が全翼機の開発に意欲的であったが、今回紹介するノースロップＹＢ-49はＢ-２に至る道筋をつけた試作爆撃機である。

本機のルーツは、第二次大戦にアメリカが参戦する直前に米陸軍航空隊が計画した超大型爆撃機（※）向けにノースロップ社が提示したＹＢ-35にある。ＹＢ-35はレシプロエンジン４基とプロペラを推進式に装備した全幅50ｍを超える大型全翼機で、野心的な設計による高性能が期待されたが、当時の米陸軍が全翼機に懐疑的であったこと、競争試作の相手であるコンベアＹＢ-36（のちのＢ-36）の方が堅実な設計であったことからＹＢ-36に敗れた。

ただし、陸軍航空隊のなかには全翼機という概念に潜在的な可能性を見出すグループもいたため、すでに完成していたＹＢ-35の試作機による試験は続けられた。そして第二次大戦後の１９４７年、ジェット機の時代が本格的に到来すると、米空軍はノースロップ社に対して、２機のＹＢ-35のジェットエンジンへの転換を指示した。

新たにＹＢ-49と名付けられたこの機体は、左右に４基ずつ、計８基のアリソンＪ３５ターボジェットエンジンを搭載し、排気口の近くに安定性を保つための整流板４枚を装備した全翼機であった。

１９４７年10月1日に初飛行したＹＢ-49は、間もなく高度1万２０００ｍの高空を6時間30分飛行する滞空記録と、カリフォルニアからワシントンD.C.までを4時間25分で飛行する大陸横断速度記録を達成した。ただし、ジェットエンジンによって速度は向上したものの燃費は悪く、爆弾搭載量もＹＢ-35より少ない７２６０kgに留まり、当時の核爆弾を搭載することはできなかった。

飛行試験におけるＹＢ-49は、テストパイロットにとって困惑の種となった。あるパイロットは「安定性に優れている」と報告する一方、別のパイロットは逆に「安定性に問題がある。特に離着陸の時は危険だ」と報告している。現代のようなコンピューターを使った飛行制御システムがなかった当時、全翼機形態のジェット機をまともに飛行させるのが難しかった証拠といえる。１９４８年6月5日には試作機の1機が墜落し、搭乗していた5名全員が死亡する痛ましい事故も起きている。

空軍は本機を爆撃機としては採用しない代わりに、長距離大型偵察機ＲＢ-49として採用することも検討したが、結局、前記した飛行安定性不良の問題がたたって１９４９年1月にノースロップ社に計画終了を通告した。それでもノースロップ社では、社内で全翼機の研究を継続することにした。全翼機の実用化はジャック・ノースロップの悲願であり、革命的な操縦システムが完成すれば、全翼機にも見込みがあることがＹＢ-49の試験を通じて判ったからである。

翼後縁のアリソンJ35ターボジェットエンジンの
8つの排気口と4枚の整流板

アメリカ空軍で飛行試験中のYB-49

時は流れ、1970年代にコンピューターを利用したデジタル・フライ・バイ・ワイヤ操縦システムが登場すると、全翼機のような機体でも安全に飛行させられるようになった。長年のノースロップ社の研究成果が実り、1989年にB‐2ステルス爆撃機が完成し、飛行試験を経て米空軍に制式採用された。ジャック・ノースロップはB‐2の実機完成前にこの世を去っていたが、他界する直前、病床でB‐2の模型を見て涙したという。

SPEC

ノースロップ YB-49
Northrop YB-49 prototype heavy bomber

全幅	52.43m
全長	16.18m
全高	4.62m
主翼面積	370㎡
自重	40,117kg
全備重量	60,586kg
エンジン	アリソン J35-A-15 ターボジェット(18kN)×8
最大速度	793㎞/h
戦闘航続距離	2,599㎞(爆弾4,536kg搭載)
実用上昇限度	13,900m
固定武装	12.7㎜機関銃×4
爆弾搭載量	7,260kg
乗員	6名

※10,000ポンド(4,536kg)の爆弾搭載量があり、10,000マイル(16,093㎞)の航続距離を持つ爆撃機。

マーティン AM-1モーラー

傑作攻撃機スカイレイダーの陰でついに花開かず

第二次大戦の後期、アメリカ海軍は急降下爆撃機と雷撃機の二つを統合した「攻撃機」という新しいカテゴリーの艦上機の開発を計画した。エンジンの性能向上などにより技術的にそれが可能になっていたのと、急降下爆撃機と雷撃機を統合することで、飛行甲板や格納庫のスペースを広くとれるようにし、艦上機の運用を容易にするためである。

この計画の下に開発され、1945年に制式採用されたのがダグラス社のAD-1スカイレイダー（1962年に命名規則変更によりA-1と改称）で、同機はのちに朝鮮戦争とヴェトナム戦争で活躍することになった。ところがこのスカイレイダーとほぼ同時に制式採用されながらも、ほとんど陽の目を見ることなく姿を消した攻撃機があった。それが今回紹介するマーティンAM-1モーラーである。

本機は1944年1月に海軍から試作機の発注が行われた。競争試作であったため、マーティン社以外にダグラス社と他の2社にも試作機の発注が同時に行われた。「どこよりも早く試作機を完成させて飛行試験をする」という目標を掲げたマーティン社は開発を急ぎ、その甲斐あって同年8月に試作機（海軍での名称は「マーティン社の1番目の試作爆撃・雷撃機」を意味するXBTM-1、社内名称はモデル210）を完成させ、8月26日に初飛行に成功。1945年1月には早くも750機の量産契約が結ばれた。だが順調なのはここまでだった。

45年夏に第二次大戦が終結すると、本機の発注数は99機にまで減らされた。また2機の試作機で行わ

飛行試験中のAM-1（米海軍試験センターの22308号機）機体下面の15箇所のハードポイントに魚雷、爆弾、ロケット弾を満載して飛行するAM-1

れた飛行試験では、エンジンと方向舵に重大な問題があることが明らかになった。

本機が搭載するプラット&ホイットニーR-4360空冷エンジンは最大3000馬力という破格の大馬力を発揮したが、その分トルクも大きく、方向舵の利きが悪いこともあって操縦と地上滑走が非常に難しかった。また28気筒四重星型という形式だったため、構造が複雑で整備性も悪かった。

マーティン社はトルク対策として、カウリングを延長した上でエンジンマウントを右に2度傾ける設計変更を行い、プロペラスピナー、垂直尾翼と方向舵も再設計した。これらの設計

SPEC

マーティンAM-1モーラー
Martin AM-1 Mauler

全幅	15.24m	全長	12.57m
全高	5.13m	自重	6,920kg
総重量	11,674kg		
エンジン	プラット&ホイットニー R-4360-4（3,000hp）×1		
最大速度	538km/h	航続距離	2,452km
実用上昇限度	8,200m		
固定武装	20mm機関砲×4		
搭載兵装	2,200lb（998kg）魚雷×3 200lb（114kg）爆弾×12 5インチ（127mm）ロケット弾×12など		
乗員	1名		

変更と改修には1年以上を要し、この間に海軍での名称がAM－1に変更された。

AM－1の引き渡しは1947年3月に開始されたが、その後の空母における運用試験で着艦拘束フックを使用した際に尾部が激しく振動し後部胴体が損傷する、着艦時のコクピットからの前方視界が不良といった新たな問題が露呈し、この対策と改修に約1年を費やした。

AM-1は1948年4月に最初の実戦飛行隊に配備され、翌49年3月に4800kg以上の兵装（998kgの魚雷×3、114kgの爆弾×12、20㎜機関砲4門とその弾薬）を搭載して飛行するという単発機としては当時史上最大の記録を打ち立てた。

しかし、この頃にはすでにライバルのAD－1スカイレイダーが大々的に配備・運用されており、パイロットは操縦と着艦が容易なAD-1の方を好んだ。またジェット機の時代が到来していたこともあって、AM－1は1949年までに149機が完成したところで生産終了となった。

1950年には、空母乗り組みの実戦飛行隊での本機の運用を中止して陸上基地でのみ運用することが決定し、1953年に全機が退役するまで予備役飛行隊での運用が続けられた。

仮にエンジンをはじめとする様々な問題点が早期に解決し、ライバルのAD－1スカイレイダーがいなかったとしたら、本機の運命は変わっていたものと思われる。つくづく運のない機体だったと言えよう。

ダグラス C-54スカイマスター

第二次大戦におけるアメリカ軍初の戦略輸送機

ダグラスC－54スカイマスターは、第二次大戦でアメリカ軍初の戦略輸送機となった機体で、元々はダグラス社がDC－4旅客機として1938年から開発していた。当時としては画期的な三車輪式の降着装置に、これまた当時の民間輸送機としては異例のエンジン4発を装備した本機は、民間市場で旋風を巻き起こすと見られていた。

ところが試作中に1939年9月の第二次大戦勃発を迎え、本機は陸軍航空隊の大型輸送機として開発が継続されることになった。陸軍航空隊としてはアメリカが参戦する場合、前進拠点になるであろうイギリス本土に急速に貨物や人員を輸送できる機体として本機に多大な期待を寄せていた。

軍用輸送機として使いやすくするため、機内の床面の構造を強化し、胴体側面の扉を大型化するなどの設計変更を行なった本機は、1942年2月に初飛行を行い、直ちに陸軍航空隊による審査にかけられた。三車輪式のために床面が高くなり、荷役にはフォークリフトが欠かせなかったが、設備の整った飛行場で使うことを前提にしているため、問題にはされなかった。その他に特に問題点は見つからなかったため、本機は制式採用が決定し、量産が発注された。

本機は直ちに大西洋を横断してイギリス本土に人員や物資を輸送する任務に投入された。1945年5月にヨーロッパ戦線での戦闘が終結するまでに8万回近い大西洋横断輸送飛行を行なったが、事故はわずかに3回という偉業を成し遂げている。当時まだ珍しかった大型陸上機による大西洋横断飛行でのこの成功は、当時かろうじて残っていた飛行艇による長距離飛行を、第二次大戦終結と共に終わらせるきっかけともなった。

これだけの飛行を成功させることができたのは、本機の信頼性が抜群に高かったことと、航法システムの充実によることが大きい。アメリカでは大陸横断航路に早くから電波航法設備が用意されており、それを大西洋横断航路に拡大することができた。

こうした総合的な信頼性の高さから、本機は要人輸送機としても使われることになり、欧州連合軍最高司令官であったアイゼンハワー元帥、太平洋方面の連合軍最高司令官として戦後日本に乗り込んだマッカーサー元帥、ルーズベルト大統領といった面々が本機を頼りにしている。

第二次大戦が終結すると、かなりの数の本機が民間旅客会社に払い下げられ、戦後の民間航空復活の一助を担った。一方、軍に残った本機は１９４７年のアメリカ空軍発足と共に空軍で使われることになり、まず１９４８年のベルリン大空輸作戦、次いで１９５０年に勃発した朝鮮戦争でも大いに活躍した。朝鮮戦争の後も１９６０年代まで空軍は本機を使用したが、与圧構造がないため用途が制限されることが次第に問題視されるようになり、ヴェトナム戦争を迎えるころには空軍を退いている。

民間旅客機としてはDC-4の名で知られるC-54B。
写真はアメリカン航空のDC-4

本機は第二次大戦が終わるまでに1001機が量産された。ずいぶん数が少ないように思われようが、これはダグラス社が同じ輸送機のC-47の量産を最優先せよという軍の意向に従った結果である。また戦時中から本機に与圧構造を追加した改良型であるDC-6（第二次大戦後、C-118として空軍に制式採用された）の開発が行なわれており、戦後の需要からDC-6の方に見込みがあったことも要因と思われる。ともあれ、本機はアメリカ本土から戦地のすぐ後方の戦略拠点まで、人員・装備を輸送するシステムを構築する上で多大な貢献をした。それだけをもってしても、傑作機と呼んで良いと思われる。

SPEC

ダグラス C-54スカイマスター
Douglas C-54 Skymaster

全幅	35.8m
全長	28.5m
全高	8.4m
自重	17,660kg
最大離陸重量	33,000kg
エンジン	プラット&ホイットニー R-2000ツインワスプ（1,450hp）×4
最大速度	442km/h
航続距離	6,400km
搭載人員	兵員50名
乗員	4名

フェアチャイルドC-82パケット

貨物の積み下ろし易さに優れる異形の輸送機

第二次大戦で広く使用されたダグラスC-47輸送機は、アメリカ軍の勝利に貢献した傑作機であったが、尾輪式のため地上では貨物室の床面が斜めに傾き、荷役作業がしにくいという問題を抱えていた。この問題は、前脚式で貨物室の床面が高いダグラスC-54輸送機でも同様であった。

そこでアメリカ陸軍は、第二次大戦中からこの二機種の抱える問題を解決する輸送機の開発を計画し、1941年に航空機メーカー各社に要求を提示した。これに応えた各社の設計案の中で特に陸軍の関心を惹いたのは、当時新興メーカーだったフェアチャイルド社の案だった。同社の案は、貨物室を擁する中央胴体の後ろに細長い双ブームを設け、ブームの後端に尾翼を配する双胴形式の双発機だった。降着装置はC-54と同じ前脚式だったが、双胴（双ブーム）にすることで中央胴体の床面を低くでき、荷役作業の負担を減らせる。

また中央胴体後部にある扉は観音開きで、ランプ（傾斜板）を併用して車輌が自走して貨物室に入ることができるようにされた。もちろん通常の貨物もこの形式なら格段に効率よく積み込み、積み下ろしが可能となる。このドアは必要に応じて取り外すこともでき、兵員の空挺降下や装備の空中投下にも適すると考えられた。

陸軍はメーカー各社の案を検討したのち、フェアチャイルド案の採用を決定、1942年に実物大模型を納入させた。そして、ここであらためて荷役能力の高さを確認し、試作機を発注した。試作機は

日本
ドイツ
イギリス
フランス
ソ連
アメリカ
その他

C-82の最多生産型であるC-82A

１９４４年9月10日に初飛行し、陸軍に引き渡されて審査を受けた。大きな問題は見つからなかったため、陸軍は本機をＣ・82として制式採用し、１００機を量産発注した。愛称は「パケット」（英語で小包の意）である。

ところが、量産機が完成して工場から出る頃に第二次大戦が終結してしまう。フェアチャイルド社は量産機の受注キャンセルを覚悟したが、予想に反して陸軍はＣ・82の調達を続け、１９４８年9月の生産終了までに２３２機が製造された。なお、陸軍航空軍は１９４７年9月に空軍となり、Ｃ・82も空軍の輸送機部隊に組み入れられた。

Ｃ・82は設計自体は優れていたが、サイズに比してエンジンの出力が不足していたため、フェアチャイルド

SPEC

フェアチャイルド C-82Aパケット
Fairchild C-82 Packet Cargo Aircraft

全幅	32.46m	全長	23.50m
全高	8.03m	主翼面積	130.1㎡
自重	14,773kg		
エンジン	プラット&ホイットニー R-2800-85(2,100hp)×2		
最大速度	399km/h	航続距離	6,239km
輸送能力	兵員41名、担架34床、車輌2〜3台など		
乗員	3名		

社は大馬力エンジンへの換装（1基あたり2100馬力から3500馬力に増大）と主脚構造の強化などを行った改良型の開発を空軍に提案し、これが認められた。改良型の試作機は1947年11月に初飛行し、新たにC－119という制式名を付与され、1955年までに1183機が生産された。愛称は「フライング・ボックスカー」（空飛ぶ有蓋貨車の意）。

C－82の方は、1948年に起きたソヴィエトによる西ベルリンへの陸路封鎖、いわゆる「ベルリン封鎖」に対抗する大空輸作戦に投入され、その優れた輸送能力を証明した。また1950年6月に勃発した朝鮮戦争ではC－119が初めて実戦投入され、空挺作戦や物資輸送に大いに活躍した。特に1950年10月から中国軍が朝鮮戦争に介入して一時、国連軍が南部への撤退を余儀なくされた際、C－119は後退する地上部隊を助けるために工兵隊用の組み立て式の橋を投下したが、この働きがなければ、地上部隊の安全な後退は不可能だっただろうとも言われる。

C－82は1954年に退役したが、C－119はベトナム戦争にも投入されて輸送機部隊の一翼を担い、一部はガンシップ機に改造されている。C－119は1975年にアメリカ空軍から退役したが、本機を供与された台湾空軍では1990年代後半まで使用された。

C-82が中央胴体後部の扉を開き、ランプを使って車輌を貨物室に収容する様子

ビーチクラフト モデル18

欠点のないことで成功した練習機兼軽輸送機

軍用機の世界で花形と言えば、戦闘機と爆撃機であることは皆の納得するところと言える。一方で、こうした花形たちを支えてきたのが輸送機や練習機であろう。今回紹介するビーチクラフトモデル18は、アメリカ陸軍航空隊（軍）とアメリカ海軍で双発以上の大型機の搭乗員の養成に使われた練習機兼軽輸送機である。

1932年4月に設立されたビーチクラフト社は、その最初の製品である単発複葉のモデル17で一定の成功を収めた。そしてこれを足がかりに、1935年11月により近代的な新型双発機の開発に着手した。モデル18と呼ばれたこの機体は、モデル17とは大きく印象の異なる全金属製の低翼単葉機で、双尾翼式の垂直尾翼と引き込み式の降着装置を備えていた。民間の軽輸送機としての需要を想定し、標準の機内仕様ではパイロット2名と乗客6名が搭乗できた。

モデル18の試作機は1937年1月15日に初飛行し、同年3月には早くもアメリカ連邦航空局の型式証明を取得した。その後、米国内および中華民国から39機の受注を得ている。

1939年9月に第二次大戦が勃発すると、アメリカは将来の参戦に備えパイロットを含む軍の航空機搭乗員を多数養成する必要に迫られた。また、参戦すれば軍高官の乗る輸送機も数が要るようになることから、これらの用途に充てる練習機兼軽輸送機として、民間市場で実績を築き始めていたビーチクラフトモデル18の採用が決まった。

モデル18を基にした軍用型は種類が多く、用途ごとに適宜改修や装備品の追加が行われ、それぞれに異なる制式名が付与された。主だったものを挙げると、電波航法機材を装備したパイロット／航法士用の練習機AT-7、ガラス張りの機首にノルデン爆撃照準器を、胴体後上方に旋回機銃の銃塔を装備した爆撃手／銃手用の練習機AT-11、VIP輸送用のC-45、胴体下部に写真偵察用カメラを装備したF-2などがある。また海軍でもほぼ同じ仕様の機体に海軍独自の制式名を与えて採用している。

練習機というのは、腕前が未熟な訓練生でも容易に操縦できなければならず、そのうえ緊急時の対応を訓練するための〝制御された危険〟も再現できる必要がある。陸軍、海軍の双方で練習機として使われたモデル18は、初めからそうした良好な操縦特性を持っていたと言える。

陸海軍は本機の審査を行った後、1940年末からビーチクラフト社に量産機を納入させた。そして1945年の調達終了までに、各型合わせて5000機以上が軍に引き渡された。

これらの機体は戦後、引き続きアメリカ空軍（1947年に陸軍から独立）と海軍で使用され、主に軽輸送と連絡任務に就いた。また、余剰機は海外の同盟国に供与された。その数は39カ国におよび、日本の海上自衛隊でも1957年から66年まで航法訓練や連絡飛行に使用された。さらに中央情報局（CIA）によって設立された「エア・アメリカ」社も本機を多数保有し、東南アジアでの秘密作戦などに用いた。戦後は民間市場での需要も高く、その用途は企業のVIP輸送機のほか、農業機、郵便機、消防機、報道機など多岐に及んだ。

1970年代に入ると、アメリカ軍は航空機の燃料をジェット燃料に一本化するため、レシプロエンジンの旧式機を一斉に退役させた。モデル18由来の各型もその中に含まれ、軍用機としての役目を降りることになった。

写真はモデル18を基にした爆撃手／銃手用の練習機AT-11。ガラス張りの機首内にノルデン爆撃照準器を装備している

本機は突出した性能こそ無かったものの、目立った欠点がなかった故に成功できた隠れた傑作機と言える。総生産数は、戦後の民間向けの生産分も含めて9000機以上に達する。

SPEC

ビーチクラフト モデル18
Beechcraft Model 18

全幅	14.52m
全長	10.41m
全高	2.94m
最大離陸重量	4,218kg
エンジン	プラット&ホイットニー R-985（450hp）×2
最大速度	346km/h
巡航速度	241km/h
航続距離	1,200km
実用上昇限度	6,096m
武装	7. 62mm機関銃（訓練用）×2
乗員	3名

※データは爆撃手／銃手用の練習機AT-11のもの。

シコルスキーR-4

1930年代末に生まれていた米初の実用ヘリコプター

航空機としてのヘリコプターという存在は、技術的困難が多くなかなか実用化できなかったが、1930年代の終わりごろになって、数々の技術的隘路が克服されたことで実用化のめどが立つことになった。今回紹介するシコルスキーR-4は、航空史上初めて本格的な実用ヘリコプターとなった機体である。

本機の開発は、1938年にシコルスキー社が製作した技術実証用の研究機であるVS-300から始まった。シコルスキー社は1920年代から1930年代初めまで、主に大型飛行艇を製造していたが、陸上機の長距離飛行能力が飛躍的に高まるのを見て飛行艇に見切りをつけ、ドイツを除けば未開拓の分野であったヘリコプターの開発に社運を賭けることにしたのである。

ヘリコプターの研究開発で先行していたドイツが自国の技術力を誇示するために、積極的に試作ヘリコプターの公開飛行や技術開示をしていたため、そうした技術的蓄積を利用できたという幸運もある。特にメインローターの組み立て・接続方法について、ドイツが開示した技術はシコルスキー社を助ける形になった。

VS-300は1939年夏に完成し、会社の社長でもあるシコルスキー技師自らの手で初飛行が行なわれた。VS-300の画期的な点は、現代のヘリコプターの基本的な構成である「機体上部にメインローターを設けて、機体尾部にメインローターによる回転トルクを打ち消すテイルローターを装備する」と

アメリカ沿岸警備隊（USCG）のHNS-1。乗っているのはアメリカ沿岸警備隊のエリクソン司令官（左）とシコルスキー博士

いう技術を確立したことである。この技術は動力の伝達系統が複雑になるため、ドイツでも研究はされたが実用化が諦められたものであり、VS-300がいかに画期的であったかが分かる。

VS-300による飛行試験は順調に進み、1941年5月には1時間32分の飛行を成し遂げて、ドイツのフォッケ・アハゲリスFw61の記録を塗り替えた。これがアメリカ陸軍と海軍双方の航空隊から注目を浴びることになり、「観測、対潜哨戒、救難任務用に転用できない

SPEC

シコルスキーR-4B
Sikorsky R-4B

主ローター直径	11.5m
全長	10.2m
全高	3.8m
自重	952kg
全備重量	1,170kg
エンジン	ワーナーR-550（200hp）
最高速度	120km/h
巡航速度	105km/h
航続距離	210km
巡航高度	2,400m
乗員	1名
輸送人員	1名

か?」という打診をシコルスキー社は受けた。ここに商機を見出したシコルスキー社は、ＶＳ‐３００をより実用に使えるように改設計した本機を開発することにした。

既に十分な技術的蓄積ができていたため本機の開発作業は順調に進み、１９４２年1月に試作機が完成して初飛行に成功した。本機の審査は陸軍航空隊が担当することになり、増加試作機として33機がまず製造され、審査に供せられることになった。

機体サイズの都合から乗員は2名のみだったが、将来の空中機動作戦を念頭に入れた長距離飛行試験も行なわれ、この際約１２００㎞を飛行することに成功した。また降着装置をフロートに変更して、水上に離着水できるかどうかもテストされ、良好な結果を得た。

この結果、陸軍航空隊は本機の採用を決定して、１９４２年5月から量産機の製造と引渡しが開始された。量産型は陸軍航空隊ではＲ‐４Ｂ、海軍航空隊ではＨＮＳ‐1と命名され、総計１００機近くが量産された。

数が少なかったのは、通常の航空機と操縦方法が全く異なるヘリコプターに当てられる搭乗員がどうしても少なかったことと、やはり動力伝達系統の製作に手間がかかったためである。

そして第二次世界大戦末期の太平洋戦線に実戦投入され、主に観測と洋上に着水した航空機搭乗員の救難任務に使用され、高い評価を得た。

第二次大戦終結と共に本機も退役したが、シコルスキー社は本機のおかげで高い技術力を身につけることができた。同社は後の朝鮮戦争で活躍する世界最初の本格的な輸送ヘリＨ‐19を生み、さらに傑作対潜ヘリＳＨ‐3や、現代でも活躍を続けるＵＨ‐60汎用ヘリなどを送り出すこととなる。本機はその礎となった傑作機と言えよう。

コールホーフェン FK58A

迅速なる開発と受注、しかし納入後はほぼ飛べず

オランダには第二次世界大戦直前まで、フォッカー社を筆頭にしてかなりの規模の航空工業が存在していた。今回紹介するコールホーフェンFK58は、第二次世界大戦の開戦にからくも間に合った近代的戦闘機である。

本機を開発したコールホーフェン社は、第一次世界大戦の終結後に設立された新しい航空機メーカーであり、オランダで最大手であるフォッカー社の合間を縫うようにして仕事をしていた。オランダ陸軍航空隊（オランダが独立空軍を持つのは、第二次世界大戦が終結してからである）に練習機や直協偵察機兼攻撃機を納入する一方で、自主開発で戦闘機を開発する作業を続けていた。本機が生まれたのも、そうした自主開発の賜物である。

1930年代後半に入ると、ヨーロッパではナチス・ドイツの台頭によって新たな大戦争の機運が高まっていた。そうした機運を汲み取ったコールホーフェン社は、1938年の春に本機の開発を始めた。

当時オランダでは航空機用のアルミニウムが少なかったため、木製部分と金属製部分との混合構造を採用した。古臭いようにも見えるが、当時のオランダの工業水準には合致していたため、量産が決まった時に作業がしやすいという利点があった。

一方で、本機は国内のライバルであるフォッカーD.21よりも先進的な引き込み脚を標準装備していた。エンジンはフランス製のイスパノスイザ社のものを装備したが、これはオランダ国内で適切なエンジンを

入手することができなかったためである。

本機が当時のオランダ航空工業の身の丈に合っていたことが幸いして、本機の試作機はたった9週間（!）で完成して初飛行するという快挙を成し遂げた。この後1938年に開かれたパリ航空サロンに出展され、ここでフランス空軍から購入の打診を受けることになった。

フランスでは政府の工業政策の失敗から航空産業が大打撃を受け、フランス空軍はインドシナなどの植民地防空用の戦闘機を海外のメーカーに求めるしかなかったという事情からである。フランス空軍は50機の本機の購入を求め、エンジンをノーム・ローン社のものに変えるという条件で契約が結ばれた。

コールホーフェン社では本機の量産作業が開始された。これを横目で見ていたオランダ陸軍航空隊も、本機を36機発注してきた。それは喜ばしいことであったが、コールホーフェン社の規模が本機の量産に追いつかない事態が発生することになった。やむなく隣国ベルギーのSABCA社の協力を得ることになり、量産作業を分担して行なうことになった。

本機の最初の13機は、1940年5月のドイツ軍による西方電撃戦の直前にフランス空軍に引き渡すことができた。他の機体はオランダ陸軍航空隊向けも含めて懸命に量産作業が行われたが、西方電撃戦の結果、当のオランダとベルギーがドイツ軍の占領下に入ってしまい、量産作業は無駄になってしまった。ドイツ空軍も本機には関心がなかったようで、本機を捕獲機リストに入れることはなかった。なお、オランダ陸軍航空隊向けの本機には、イギリス製のエンジンを装備する予定だった。

フランス空軍の手に渡った本機はどうなったのだろうか？　西方電撃戦の開始により、本機をインドシナに送る計画は取りやめられ、本機は亡命ポーランド空軍部隊に引き渡された。戦闘記録は不明だが、フランス降伏まで使用され、その後自由圏への亡命飛行に10機が使用されたという。この後本機の話は全く

フランス空軍の機体。フランスにはイスパノスイザ14AA10を搭載するFK58が7機、ノームローン14N16を搭載するFK58Aが11機引き渡されたとされる

出てこないため、亡命飛行の後に処分されてしまったものと思われる。

最悪でもあと1年登場が早ければ、本機にはまだ活躍の芽があったことを考えると、この1年の遅れは致命的であった。残念無念な機体である。

SPEC

コールホーフェン FK58A
Koolhoven F.K.58A

全幅	10.97m
全長	8.67m
全高	3.00m
主翼面積	17.3㎡
自重	1,930kg
全備重量	2,750kg
エンジン	ノームローン 14N16(1,080hp)×1
最大速度	508km/h
航続距離	750km
武装	7.5mm機関銃×4
乗員	1名

サーブ18

スウェーデンが身の丈に合わせて設計した爆撃機

スウェーデンの航空工業は現代に至るまで、個性的なジェット戦闘機を開発していることで名が知られているが、すべては第二次大戦中に始まっている。今回紹介するサーブ18は、スウェーデンが第二次大戦中に自主開発した唯一の双発爆撃機である。

本機の開発は1942年に始まった。当初はアメリカから招いた技師が設計を担当し、ノースアメリカンB‐25に似た3車輪式の機体の設計図が引かれていた。ところが1941年12月にアメリカの参戦に伴いアメリカ人技師が本国に引き上げてしまったため、サーブ社は本機の設計を始めからやり直すことにした。3車輪式は当時としては画期的だったが、技術的蓄積に乏しいスウェーデンの航空業界の手に余る可能性が高かったためである。

その再設計された設計図に現れた本機は、ドイツのドルニエDo17によく似たものになった。降着装置は尾輪式で、機首に搭乗員を集中配置する形となり、ガラス張りの機首を持ち、胴体下面に張り出した爆弾倉といったレイアウトは、まさしくDo17の引き写しと言えるものだった。とは言え、この設計変更のおかげでサーブ社の手に負える機体に変わったことは確かである。設計変更後の開発作業は順調に進み、1942年6月に試作機が完成して初飛行に成功し、程なくして制式採用が決定した。

最初の量産型であるA型は、ライセンス生産権を得ていたアメリカのプラット&ホイットニー社製1000馬力級空冷エンジンを装備した。ところが機体重量に比べてエンジンが非力であること（最高速

空冷のP&Wエンジンを搭載した
A型

度が465km／hほどしか出なかった）が判明し、A型は60機の製造で打ち切られた。44年6月からA型の部隊配備が行なわれ、アメリカから輸入に成功した機上レーダーを装備して、バルト海の哨戒任務に使用された。武装は機首に前方固定式に7・92mm機関銃1挺と13・2mm機関銃2挺を装備し、爆弾倉には最大で1・2tの爆弾が搭載できた。

A型が低性能にあえぐところへ、ドイツから傑作液冷エンジンであるダイムラーベンツDB605（1500馬力級）のライセンス生産を認めるという朗報が届く。元々同じサーブ社で開発中だったJ21戦闘機のために手に入れたライセンス生産権だ

SPEC

サーブ18
Saab 18

全幅	17.4m
全長	13.23m
全高	4.35m
自重	6,093kg
最大離陸重量	8,793kg
エンジン	SFA DB605B (1,475hp)×2
最大速度	575km/h
航続距離	2,600km（最大）
武装	13.2mm機関銃×2、7.92mm機関銃×1
爆弾搭載量	最大1,500kg
乗員	3名

ったが、本機の性能向上にも寄与すると考えられ、エンジンをDB605に換装したB型が開発されることになった。44年6月に試作機が完成すると、審査もそこそこに量産が決定。最高速度が570㎞／hに向上し、搭載量にも余裕ができた（爆弾倉に加えて、主翼下にロケット弾の搭載が可能になった）。これに気を良くしたスウェーデン空軍はB型の量産を急がせたが、サーブ社の生産能力の限界から、部隊配備は戦後の1946年になってしまった。そのため120機で量産も打ち切られた。時代はジェット機に移りつつあり、本機はそれに取り残されてしまったのである。

このB型を元にして作られた雷撃機型としてT型がある。B型の機首にあった爆撃手席を廃止して57㎜砲1門と20㎜機関砲2門を前方固定装備し、胴体下面の爆弾倉の下部に魚雷を搭載できるようにしたもので、62機が製造された。

本機は1950年代初めまで主力爆撃機として使われた後、56年から配備開始されたサーブ32ランセン ジェット戦闘攻撃機と交代して退役した。諸々の事情はあれども、国内の航空工業が未成熟だった時代にこれほどの機体を開発できたのは大したもので、本機の開発はスウェーデンの航空工業に技術的蓄積をもたらした。その点で、本機はスウェーデンにとっての「傑作機」と言えよう。

エンジンを液冷のDB605に換装したB型

コモンウェルス ブーメラン（CA-12）

もっぱら地上攻撃に活躍した豪州国産戦闘機

１９３９年9月に第二次大戦が勃発すると、オーストラリアは英連邦の一員として、英本国と北アフリカに軍の主力を派遣することになった。ところが、１９４１年12月に太平洋での戦いが始まると、オーストラリアは自国を日本軍の侵攻から守る必要が生じた。豪政府は英本国にオーストラリア軍の自国への引き揚げと、当面必要になる装備の供与を要請、同盟国となったアメリカにもこれを要請した。

一方で、自国製兵器の開発も急遽実施している。その一つが戦時急造戦闘機、コモンウェルス ブーメランである。

本機の開発は、太平洋方面の緊張が高まりつつあった１９４１年秋に、豪州唯一の航空機メーカーであるコモンウェルス社によって開始された。同社では、当時ライセンス生産していた米製のノースアメリカン テキサン高等練習機（「ワイラウェイ」の名称で空軍に採用されていた）を元にして設計案を練り上げ、12月には空軍に設計案を提出した。わずか数カ月で設計案が出来上がるのは異例の早さだが、これはワイラウェイの構造と生産ラインを極力流用できる機体設計としたためである。

また、ワイラウェイを戦闘機に仕立て直す際に増加する重量を補うため、当時オーストラリアで手に入る中で最も強力なエンジンを組み合わせることになった。結果として、当時の豪州工業界の身の丈に合った設計となったため、空軍は本設計案を採用し、まだ実機もない中で量産命令を出した。

本機の試作機は１９４２年5月に完成し、直ちに初飛行を行い、次いで空軍による審査が行われた。最高速度がかなり遅い（491㎞／h）のを除けば、操縦性や使い勝手の良さ、強力な武装、整備性の高さが評価され、速度のことは目をつぶって制式採用が決まった。量産についても、ワイラウェイの生産ラインを流用できるために順調で、1942年の秋口には実戦部隊に引き渡された。

本機を装備した部隊は、豪州北部を防衛するために同沿岸地帯に配備されたが、後々に至っても空対空戦闘に投入されることはなかった。幸いなことに、アメリカからカーチスP-40（後にはノースアメリカンP-51ムスタング）が、英本国からスーパーマリン スピットファイアが届けられ、空対空戦闘はこれら2機種に任せることになったためである。残念ながら、本機は武装を除く全般性能が日本陸海軍の戦闘機に劣っていることは明らかだったため、空戦に投入するのは自殺行為であるという判断がなされたのである。そのため、飛行中に日本軍機と遭遇しても空戦は回避していた。

本機は代わりに、強力な武装を活かした地上攻撃で大いに活躍をすることになった。1943年5月から始まったソロモン諸島とニューギニア方面での連合軍の反攻作戦の一翼を担い、地上攻撃で暴れまわった。既に制空権はアメリカ軍のロッキードP-38やヴォートF4Uコルセアなどの強力な戦闘機を装備した部隊が握っており、本機は安心して地上攻撃

最高速度が500km/hに達しなかった、ブーメラン戦闘機

CA-14

に専念し、1945年にオーストラリア軍が決行したボルネオ島上陸作戦の時まで戦い抜いたのである。その後、第二次大戦が終結すると、お役御免となって退役した。

本機は各型合わせて249機が製造された。第二次大戦の列強国の主力戦闘機に比べれば少ない生産数だが、当時のオーストラリアの工業力を鑑みれば立派な数字である。また、本機は戦闘機でありながら、一度も敵機を撃墜せず、また一度も敵機に撃墜されたことがないという珍記録を達成している。

SPEC

コモンウェルス ブーメラン (CA-12)

Commonwealth Boomerang

全幅	10.97m
全長	7.77m
全高	2.92m
自重	2,437kg
全備重量	3,492kg
エンジン	プラット&ホイットニー R-1830空冷星型14気筒 (1,200hp)×1
最大速度	491km/h(高度4,730m)
航続距離	1,500km
固定武装	20mm機関砲×2 7.7mm機関銃×4
搭載量	爆弾最大250kg (大型増槽を搭載しない場合)
乗員	1名

艦艇の用語

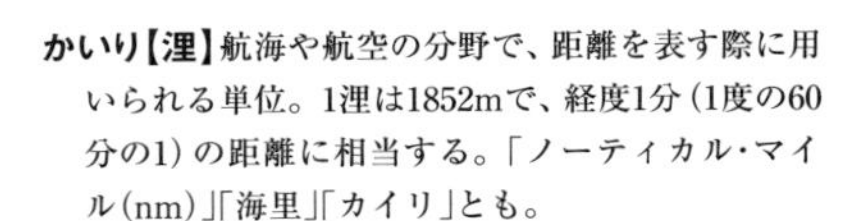

かいり【浬】航海や航空の分野で、距離を表す際に用いられる単位。1浬は1852mで、経度1分（1度の60分の1）の距離に相当する。「ノーティカル・マイル(nm)」「海里」「カイリ」とも。

かん【缶】燃料を燃焼させ、その熱エネルギーで高温高圧の蒸気を発生させる装置。ボイラー、汽缶とも。

かんきょう【艦橋】艦船の中で航海や戦闘における指揮系統の要となる部分。司令官や艦長などが指揮を執る場所で、艦の頭脳とも言える。

きっすい【吃水】水上に浮いている艦船の船底から水面までの垂直距離。

きどうぶたい【機動部隊】海軍の場合、航空母艦（空母）を中心とし、それを護衛・支援する戦艦・巡洋艦・駆逐艦などから構成された艦隊のこと。米海軍のタスクフォース(Task Force:任務部隊)を機動部隊と訳す場合もある。

ギヤードタービン【geared-turbine】タービンとプロペラ・シャフトの間に減速歯車を設けたタービン機関。タービンの速すぎる回転数を、減速歯車でスクリュー推進に適した回転数に調整することで、従来の直結タービンよりも推進効率が向上した。

こうかくほう【高角砲】航空機を攻撃するための火砲。日本海軍では高角砲、日本陸軍では高射砲と呼称した。

こうし【公試】艦艇の建造や改装の最終段階で実施される試験。実際に洋上に出て、艦艇が予定通りの性能を発揮できるかどうかを確認する。公試運転とも。

シア【sheer】艦船の船体で、艦首尾方向に対する反り上がりのこと。舷弧。

しゅんこう【竣工】艦船の建造工事が完了すること

しょうろう【檣楼】艦船のマスト（橋）上部に設けられた足場・見張り台。広義には艦橋構造物全体を指す場合もある。

しんすい【進水】船体の建造工事をほぼ終えた艦船を、水上に浮かべること。

すいらいせんたい【水雷戦隊】水雷戦を主な任務とする水上艦部隊。軽巡洋艦が旗艦を務め、その指揮下に多数の駆逐艦が入る編制が一般的。

タービン【turbin】第二次世界大戦の艦船における蒸気タービンは、高温高圧の蒸気によって羽根車を回転させ、動力を得る装置のこと。

つうしょうはかい【通商破壊】潜水艦や水上艦、航空機などで敵の輸送船や商船を攻撃し、海上輸送を妨害することで敵国の産業や国民生活にダメージを与える戦い方。

どうがたかん【同型艦】ほぼ同じ設計で建造された艦艇。姉妹艦とも。

ノット【knot】艦船や航空機の速度を表す際に用いられる単位。1ノット（kn）は時速1.852㎞で、1時間で1浬を進む速度に相当する。

はいすいりょう【排水量】艦船の大きさを示す数値。水を満たした仮想の水槽に艦船を浮かべた際、あふれ出る水の重量をトン単位で表す。弾薬や燃料、水（予備缶水）を満載した状態を満載排水量、そこから燃料と水を除いた状態を基準排水量（第二次大戦時）という。

ふくげんせい【復原性】艦船がどの程度まで左右方向に傾斜しても、転覆せずに元の水平状態に戻ることができるかを表す語。復原力とも。

りょうはせい【凌波性】波にさらされても安定して航行できる性能。波きりの良さ。

※ミニ用語集①は74ページにあります

[執 筆 者 紹 介]

有馬桓次郎（あるま・かんじろう）

作家・ライター。各社レーベルで小説作品を発表する傍ら、主に明治期以降の日本陸海軍にまつわるエピソードを『ミリタリー・クラシックス』をはじめ各誌に寄稿している。代表作は『ステラエアサービス』（KADOKAWA）、『富嶽を駆けよ』（アルファポリス）、『和祭巡礼画報』『軍人たちの決断』（イカロス出版）、『海軍さんの料理帖』（ホビージャパン）等。

印度洋一郎（いんど・よういちろう）

『ミリタリー・クラシックス』で歴史改変小説「世界の仮想戦記オルタナティブ・ワールド」を連載中。『大脱走』『若き勇者たち』『モスキート爆撃隊』など戦争映画Blu-rayの解説を執筆。ムック『別冊映画秘宝　絶対必見!SF映画200』で仮想戦記SF映画について寄稿している。

太田　晶（おおた・あきら）

1975年9月21日生まれ。去年2023年、ついにコロナに感染してひどい目に。幸い毒性の弱いものだったため、重症化は逃れることができたのが救い。一方、2021年の東京オリンピック・パラリンピックの際に、入間基地にスモークを引いて進入するブルーインパルスに遭遇。良いことも悪いことも経験できたこの数年であった。

本書は、小社発行の季刊『ミリタリー・クラシックス』Vol.57〜Vol.78に掲載の連載記事「歴史的兵器小解説」の内容を再編集し、タイトルを改めたうえで単行本としたものです。

20世紀の知られざる傑作装備たち
世界の名脇役兵器列伝 パラベラム

2024年9月20日　初版第1刷発行

著　者　有馬桓次郎　印度洋一郎　太田 晶

発行人　山手章弘
発行所　イカロス出版株式会社
〒101-0051 東京都千代田区神田神保町1-105
contact@ikaros.jp（内容に関するお問合せ）
sales@ikaros.co.jp（乱丁・落丁、書店・取次様からのお問合せ）

印刷・製本　日経印刷株式会社

Printed in Japan　ISBN978-4-8022-1490-2